高等院校环境类专业教材

水污染控制
实验教程

SHUIWURAN KONGZHI SHIYAN JIAOCHENG

林红军　王方园　叶群峰　编

U0230902

化学工业出版社

·北京·

内容简介

本书涵盖水污染控制实验的全过程，包括水样的采集与保存、微污染水处理、污水处理等，实验内容以不同板块设置，循序渐进开展。附录中设置了相关方法、标准与要求等内容，以便于对标和参考，并对实验报告提出质量要求。

本书可作为环境专业课程实验教材，适合大学环境工程、环境科学、排水工程等专业，以及专科环境监测与治理专业，也可作为水污染控制的研究人员的参考书。

图书在版编目（CIP）数据

水污染控制实验教程 / 林红军，王方园，叶群峰编.
北京 ：化学工业出版社，2025. 1. --（高等院校环境类
专业教材）. -- ISBN 978-7-122-46721-8

Ⅰ. X520.6-33

中国国家版本馆 CIP 数据核字第 2024M3J238 号

责任编辑：李晓红　　　　　　　　　文字编辑：郭丽芹
责任校对：王　静　　　　　　　　　装帧设计：刘丽华

出版发行：化学工业出版社
　　　　　（北京市东城区青年湖南街 13 号　邮政编码 100011）
印　　装：北京科印技术咨询服务有限公司数码印刷分部
710mm×1000mm　1/16　印张 7¾　字数 139 千字
2025 年 1 月北京第 1 版第 1 次印刷

购书咨询：010-64518888　　　　　售后服务：010-64518899
网　　址：http://www.cip.com.cn

凡购买本书，如有缺损质量问题，本社销售中心负责调换。

定　　价：28.00 元　　　　　　　　　版权所有　违者必究

前　言

　　水污染控制实验是环境科学与工程专业的一门实践性较强的核心专业课，也是专业实践教学的一个重要环节。其主要任务是：通过实验使学生初步掌握水污染控制技术的基本实验与实践方法和操作技能，加深学生对所学理论知识的理解与掌握；培养学生独立思考、分析问题和解决问题的能力，并树立实事求是的科学态度和严肃认真的工作作风；通过本课程实验教学以掌握水污染控制技术与方法及其应用，初步掌握水污染控制实验操作以及实验数据的分析处理技术，能独立完成实验报告及相关实验中的问题思考。

　　本书内容主要包含水样的采集、保存、管理与运输知识，微污染水处理实验和污水处理实验共十四个，附录部分涵盖了几种常用分析方法与实验仪器的说明、国家和地方排放限值要求等内容。

　　本书由浙江师范大学地理与环境科学学院多年从事教学、科研及实验指导的教师林红军、王方园、叶群峰编著。由于编者水平有限，书中疏漏之处在所难免，敬请读者批评指正。

编者

2025 年 1 月

目 录

第一章

水样的采集、保存、管理与运输

从水样取出后，到分析结束之前，应尽量避免水中原有成分发生明显变化。避免外来污染，这是工作中十分重要的一环。如果所取水样没有代表性，或者成分已经发生了变化，后面的工作做得再好，也得不到正确的结果，有问题也不易查出来，因此必须注意水样的采集与保存。

第一节　水样的采集

一、水样的采集

水样的采集方法一般是用采水器采水，分为单层采水器采水和直立式采水器采水等。采水器多为无色硬质玻璃或聚乙烯塑料瓶。检测水中含有的微量金属离子时宜使用塑料瓶采水；水样含有大量油类或其他有机物时，宜使用玻璃瓶采水。采集水样的瓶子使用前必须清洗干净，必要时用 10%的盐酸溶液浸泡，再用自来水和蒸馏水洗净。采样前用所取水样反复冲洗采水瓶 2～3 次。对于自来水的采集应先放水数分钟，使积留在水管中的杂质及陈旧的水排除，然后再取样。工业废水和生活污水由于生产品种和生活方式的变动，不同时间段的浓度变化幅度较大。因此，采样前需先进行污染源调查，然后再决定采样方法（注：在采集水样时还要测量水体水位、流量、流速等水文参数，便于计算水体污染负荷是否超过环境容量等）。

二、容器的要求

（一）容器材质的选择

选择容器的材质必须注意以下几点：

1. 容器不能引起新的污染。一般的玻璃在贮存水样时可溶出钠、钙、镁、硅、硼等元素，在测定这些项目时应避免使用玻璃容器，以防止新的污染。

2. 容器器壁不应吸收或吸附某些待测组分。一般的玻璃容器吸附金属；聚乙烯等塑料吸附有机物质、磷酸盐和油类。在选择容器材质时应予以考虑。

3. 容器不应与某些待测组分发生反应。如测定氟化物时，水样不能贮于玻璃瓶中，因为玻璃与氟化物会发生反应。

4. 对光敏感的水样应选用深色玻璃，以降低光敏作用。

（二）容器的清洗

1. 分析地表水或废水中微量化学组分时，通常要使用彻底清洗过的新容器，以减少再次污染的可能性。清洗的一般程序是：先用水和洗涤剂清洗，再用盐酸-硫酸洗液清洗，最后用自来水、蒸馏水冲洗干净。所用的洗涤剂类型和选用的容器材质要根据待测组分来确定。测磷酸盐则不能使用含磷洗涤剂；测硫酸盐或铬则不能使用铬酸-硫酸洗液。测重金属的玻璃容器及聚乙烯容器通常用盐酸或硝酸（$c = 1 \text{mol/L}$）洗净并浸泡一至两天，然后用蒸馏水或去离子水冲洗。

2. 用于盛放微生物分析样品的容器（含塞子、盖子）应经灭菌处理并且在灭菌温度下不释放或产生任何能抑制生物活性、灭活或促进生物生长的化学物质。玻璃容器应按一般清洗原则洗涤，用硝酸浸泡再用蒸馏水冲洗以除去重金属或铬酸盐残留物。在灭菌前可在容器里加入硫代硫酸钠（$Na_2S_2O_3$）以除去余氯对细菌的抑制作用（以每 125 mL 容器加入 0.1 mL 10%的 $Na_2S_2O_3$ 计量）。

第二节　水样的保存

各种水质的水样，从采集到分析这段时间里，由于物理的、化学的、生物的作用会发生不同程度的变化，这些变化使得进行分析时的样品已不再是采样时的样品，为了使这种变化降低到最小的程度，必须在采样时对样品加以保护。

水样的保存方法分为冷藏法和化学法。冷藏在 2～5 ℃的冰箱，能够抑制微生物的活动，减缓物理作用和化学作用的速度。水样的运输时间通常以 24 h 为最大允许时间，最长贮存时间为清洁水样 72 h、轻污染水样 48 h、严重污染水样 24 h，即以清洁水样保存时间不超过 72 h、轻污染水样不超过 48 h、严重污染水样不超过 12 h 为宜。为了保持水质，最好在保存时间内给予适当的处理，常用的处理方法有冷藏（4 ℃）、控制 pH 和加化学保护剂（生物抑制剂、氧化剂或还原剂）等。应根据测定指标选择适宜的保存方法。

一、水样的保存措施

（一）冷藏

水样在 4 ℃冷藏保存，贮存于暗处。水样冷藏时的温度应低于采样时水样的温度，水样采集后立即放在冰箱或冰-水浴中，置暗处保存，一般于 2～5 ℃冷藏，冷藏并不适用于长期保存，对废水的保存时间则更短。

（二）冷冻

冷冻到−20 ℃，一般能延长贮存期，但需要掌握冻结和熔融的技术，以使样品在融解时能迅速地、均匀地恢复原始状态。水样结冰时，体积膨胀，一般都选用塑料容器保存。

（三）将水样充满容器至溢流并密封

为避免样品在运输途中的振荡，以及空气中的氧气、二氧化碳对容器内样品组分和待测项目的干扰，对酸碱度、生化需氧量（BOD）、溶解氧（DO）等指标检测产生影响，应使水样充满容器至溢流并密封保存。但准备冷冻保存的样品不能充满容器，否则水冻成冰之后，因体积膨胀会致使容器破裂。

（四）加入保护剂（固定剂或保存剂）

投加一些化学试剂可固定水样中某些待测组分，保护剂应事先加入空瓶中，有些亦可在采样后立即加入水样中。经常使用的保护剂有各种酸、碱及生物抑制剂，加入量因需要而异。所加入的保护剂不能干扰待测成分的测定，如有疑义应先做必要的实验。所加入的保护剂，因其体积影响待测组分的初始浓度，在计算加入量时应予以考虑；但如果加入足够浓的保护剂，因加入体积很小而可以忽略其稀释影响。所加入的保护剂有可能改变水中组分的化学或物理性质，因此选用保护剂时一定要考虑对待测项目的影响。如酸化会引起胶体组分和悬浮物的溶解；如待测项目是溶解态物质，则必须在过滤后酸化保存。对于测定某些项目所加的固定剂必须要做空白试验，如测微量元素时就必须确定固定剂可引入的待测元素的量（如酸类会引入不可忽视量的砷、铅、汞）。

注意事项：某些保护剂是有毒有害的，如氯化汞（$HgCl_2$）、三氯甲烷及酸等，在使用及保管时一定要重视安全防护。

二、常用样品保存条件与技术

每次实验时应结合具体工作选择适用的样品保存要求，以明确样品采集和保存的方法。

此外，如果要采用的水污染控制指标测定方法和使用的保护剂及容器材质间有不相容的情况，则常需从同一水体中取数个样品，按几种保存措施分别进行测定分析以得出最适宜的保存方法和容器。

水样的保存期限主要取决于待测物的浓度、化学组成和物理化学性质。

水样保存没有通用的原则。表1提供了常用的保存方法。由于水样的组分、浓度和性质不同，在采样前应根据样品的性质、组成和环境条件来选择适宜的保存方法和保护剂。表中列出的是有关水样保存技术的要求，样品的保存时间、容器材质的选择以及保存措施的应用都要取决于样品中的组分及样品的性质。

水样采集后应尽快测定相应指标。水温、pH、游离余氯等指标应在现场测定，其余项目的测定也应在规定时间内完成。

表1　采样容器和水样的保存方法及保存时间

检测项目	采样容器③	保存方法	保存时间
浊度①	G，P	冷藏	12 h
色度①	G，P	冷藏	12 h
pH①	G，P	冷藏	12 h
电导率①	G，P		12 h
碱度②	G，P		12 h
酸度②	G，P		30 d
COD	G	每升水加入 0.8 mL 浓硫酸冷藏	24 h
DO①	溶解氧瓶	加入硫酸锰，碱性碘化钾—叠氮化钠溶液，现场固定	24 h
BOD₅②	溶解氧瓶		12 h
TOC	G	加入硫酸，调至 pH≤2	7 d
F⁻②	P		14 d
Cl⁻②	G，P		28 d
Br⁻②	G，P		14 d
I⁻②	G	加入氢氧化钠，调至 pH=12	14 d
SO_4^{2-}②	G，P		28 d
PO_4^{3-}②	G，P	加入氢氧化钠，硫酸调至 pH = 7，加入 0.5% 三氯甲烷	7 d
氨氮②	G，P	每升水样加入 0.8 mL 浓硫酸	24 h
NO_2^--N②	G，P	冷藏	尽快测定
NO_3^--N②	G，P	每升水样加入 0.8 mL 浓硫酸	24 h
硫化物	G	每 100 mL 水样加入 4 滴乙酸锌溶液（220 g/L）和 1 mL 氢氧化钠溶液（40 g/L），暗处放置	7 d
氰化物，挥发酚类②	G	加入氢氧化钠，调至 pH≥12，如有游离余氯，加亚砷酸钠除去	24 h
B	P		14 d
一般金属	P	加入硝酸，调至 pH≤2	14 d
六价铬	G，P（内壁无磨损）	加入氢氧化钠（pH = 7～9）	尽快测定
As	G，P	加入硫酸，调至 pH≤2	7 d
Ag	G，P（棕色）	加入硝酸，调至 pH≤2	14 d
Hg	G，P	加入硝酸（1+9，含重铬酸钾 50 g/L），调至 pH≤2	30 d
卤代烃类	G	现场处理后，冷藏	4 h
苯并[a]芘②	G		尽快测定
油类	G（广口瓶）	加入盐酸，调至 pH≤2	7 d
农药类②	G（衬聚四氟乙烯盖）	加入抗坏血酸 0.01～0.02 g，以除去残留余氯	24 h

检测项目	采样容器③	保存方法	保存时间
除草剂类	G	加入抗坏血酸 0.01～0.02 g 除去残留余氯	24 h
邻苯二甲酸酯类	G	加入抗坏血酸 0.01～0.02 g 除去残留余氯	24 h
挥发性有机物	G	用盐酸（1+10）调至 pH≤2，加入抗坏血酸 0.01～0.02 g 除去残留余氯	12 h
甲醛，乙醛，丙烯醛	G	每升水样加入 1 mL 浓硫酸	24 h
As	G，P	加入硫酸，调至 pH≤2	7 d
放射性物质	P		5 d
微生物②	G（灭菌）	每 125 mL 水样加入 0.1 mg 硫代硫酸钠除去残留余氯	4 h
生物②	G，P	当不能现场测定时用甲醛固定	12 h

① 表示现场测定。

② 表示应低温（0～4 ℃）避光保存。

③ G 指硬质玻璃瓶；P 指聚乙烯瓶（桶）。

第三节　水样的管理与运输

装有实验水样的容器必须加以妥善保护和密封，并装在包装箱内固定，以防在运输途中破损，包括材料和运输水样的条件都应严格要求。除了防震、避免日光照射和低温运输外，还要防止新的污染物进入容器和沾污瓶口使水样变质。

（一）样品管理

1. 除用于现场测定的样品外，大部分水样都需要运回实验室进行分析。在水样的运输和实验室管理过程中应保证其性质稳定、完整，避免沾污、损坏和丢失。

2. 现场测试样品：应严格记录现场检测结果并妥善保管。

3. 实验室测试样品：应认真填写采样记录或标签，并粘贴在采样容器上，注明水样编号、采样者、日期、时间及地点等相关信息。在采样时还应记录所有野外调查及采样情况，包括采样目的、采样地点、样品种类、编号、数量、样品保存方法及采样时的气候条件等。

（二）样品运输

1. 水样采集后应立即送回实验室，根据采样点的地理位置和各项目的最长可保存时间选用适当的运输方式，在现场采样工作开始之前就应安排好运输工作，以防延误。

2. 样品装运前应逐一与样品登记表、样品标签和采样记录进行核对，核对无误后分类装箱。

3. 塑料容器要塞紧内塞，拧紧外盖，贴好密封带。玻璃瓶要塞紧磨口塞，并用细绳将瓶塞与瓶颈拴紧，或用封口胶、石蜡封口。待测油类的水样不能用石蜡封口。

4. 需要冷藏的样品，应配备专门的隔热容器，并放入制冷剂。

5. 冬季应采取保温措施，以防样品瓶冻裂。

6. 为防止样品在运输过程中因震动、碰撞而导致损失或沾污，最好将样品装箱运输。装运用的箱和盖都需要用泡沫塑料或瓦楞纸板作衬里或隔板，并使箱盖适度压住样品瓶。

7. 样品箱应有"切勿倒置"和"易碎物品"的明显标识。

第二章

微污染水处理实验

实验一　化学混凝沉淀实验

一、实验目的

1. 加深对混凝沉淀原理的理解。
2. 掌握化学混凝工艺最佳混凝剂的筛选方法。
3. 掌握化学混凝工艺最佳工艺条件的确定方法。

二、实验原理

分散在水中的胶体颗粒带有电荷，同时在布朗运动及表面水化作用下，长期处于稳定分散状态，不能用自然沉淀方法去除。化学混凝沉淀是向水中投加混凝剂后，可以使分散颗粒相互结合聚集增大，从水中分离出来的过程。

由于各种废水差别很大，混凝效果不尽相同。混凝剂的混凝效果不仅取决于混凝剂种类、投加量，同时还取决于水的 pH 值、水温、浊度、水流速度梯度等。

化学混凝的处理对象主要是废水中的微小悬浮物和胶体物质。根据胶体的特性，在废水处理过程中通常采用投加电解质、相反电荷的胶体或高分子物质等方法破坏胶体的稳定性，使胶体颗粒凝聚在一起形成大颗粒，然后通过沉淀分离，达到废水净化的目的。关于化学混凝的机理主要有以下四种解释。

1. 压缩双电层机理

压缩双电层是指当两个胶粒相互接近以致双电层发生重叠时，就会产生静电斥力。加入的反离子与扩散层原有反离子之间的静电斥力将部分反离子挤压到吸附层中，从而使扩散层厚度减小。由于扩散层减薄，颗粒相撞时的距离减小，相互间的吸引力变大。颗粒间排斥力与吸引力的合力由斥力为主变为以引力为主，颗粒就能相互凝聚。

2. 吸附电中和机理

吸附电中和是指异性胶粒间相互吸引达到电中和而凝聚；大胶粒吸附许多小胶粒或异性离子，ζ 电位降低，吸引力使异性胶粒相互靠近发生凝聚。

3. 吸附架桥机理

吸附架桥作用是指链状高分子聚合物在静电引力、范德瓦耳斯力和氢键力等作用下，通过活性部位与胶粒和细微悬浮物等发生吸附桥连的现象。

4. 沉淀物网捕机理

采用铝盐或铁盐等高价金属盐类作凝聚剂时，当投加量很大形成大量的金属氢氧化物沉淀时，可以网捕、卷扫水中的胶粒，水中的胶粒以这些沉淀物为核心产生沉淀。这基本上是一种机械作用。

在混凝过程中，上述现象通常不是单独存在的，往往同时存在，只是在一定情况下以某种现象为主。

三、实验材料及装置

1. 实验用水

生活污水、造纸废水、印染废水等。

2. 实验药品

（1）混凝剂

聚合硫酸铁（PFS）：现场配成 10%浓度以备用。

聚合氯化铝（PAC）：现场配成 5%或 10%浓度以备用。

聚合硫酸铁铝（PAFS）：现场配成 5%或 10%浓度以备用。

聚丙烯酰胺（PAM）：现场配成 0.1%浓度以备用。

（2）COD 测试相关药品。

3. 主要实验装置及设备

（1）化学混凝实验采用的是六联搅拌器，其结构如图 1 所示。

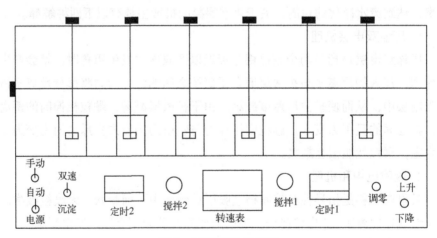

图1 化学混凝实验装置

（2）pHS-3 型精密酸度计。

（3）COD 测定装置。

（4）干燥箱。

（5）分析天平。

（6）其他配套设施与仪器：1000 mL 烧杯、500 mL 烧杯、200 mL 烧杯、100 mL 注射器（移取沉淀水上清液）、洗耳球、（1 mL、5 mL、10 mL）移液管、温度计、1000 mL 量筒、浊度仪等。

四、实验步骤与数据记录

1. 小水样实验

（1）取 300 mL 废水于 500 mL 烧杯中，加酸或碱调整 pH 值后，按一定的比例投加混凝剂，在六联搅拌器上先快速搅拌 2 min（转速 200 r/min），中速搅拌 1～2 min（转速 120 r/min），再慢速搅拌 10 min（转速 80 r/min），然后静置，观察并记录实验过程中 pH 值，絮体形成的时间、大小及密实程度、沉淀快慢，废水颜色变化等现象。静置沉淀 30 min 后，于表面 2～3 cm 深处取上清液测定其 pH 值和 COD 值（或浊度）。

（2）最佳混凝剂的筛选：首先根据所选废水的水质特点，利用聚合硫酸铁（PFS）、聚合氯化铝（PAC）、聚合硫酸铁铝（PAFS）、聚丙烯酰胺（PAM）等常规混凝剂进行初步实验。然后根据实验现象和检测结果，筛选出适宜处理该废水的最佳混凝剂。

（3）混凝剂最佳投加量的确定：利用筛选出的混凝剂，取不同的投加量进行混凝实验，实验结果记入表 2。根据实验结果绘制 COD 去除率与混凝剂投加量的关系曲线，确定最佳的混凝剂投加量。

表 2　最佳投药量实验记录

第＿＿＿＿组　　　　　姓名＿＿＿＿＿＿＿　　　　实验日期＿＿＿＿＿＿＿

原水温度＿＿＿＿＿℃　　色度＿＿＿＿＿　　　　pH 值＿＿＿＿＿　　　COD＿＿＿mg/L

使用混凝剂的种类及浓度＿＿＿＿＿＿＿＿＿＿＿

水样编号		1	2	3	4	5	6
混凝剂投加量/(mg/L)							
矾花形成时间/min							
絮体沉降快慢							
絮体密实程度							
处理水水质	色度						
	pH 值						
	COD/(mg/L)						

	快速	搅拌时间/min			转速/(r/min)		
搅拌条件	中速						
	慢速						
沉降时间/min							

（4）最佳 pH 值的确定：调整废水的 pH 值分别为 6.0、6.5、7.0、7.5、8.0、8.5 进行混凝实验，实验结果记入表 3。根据实验结果绘制 COD 去除率与 pH 值的关系曲线，确定最佳的 pH 值条件。

表 3　最佳 pH 值实验记录

第_____组　　　　　　　姓名_____　　　　　　实验日期_____

原水温度_____℃　　　　色度_____　　　　　　COD_____mg/L

使用混凝剂的种类及浓度_____

水样编号		1	2	3	4	5	6
10%(体积分数)HCl 投加量/mL							
10 g/100 mL NaOH 投加量/mL							
絮体沉降快慢							
混凝剂的投加量/(mg/L)							
实验水样 pH 值							
处理水水质	色度（或浊度）						
	pH 值						
	COD/(mg/L)						
搅拌条件	快速	搅拌时间/min			转速/(r/min)		
	中速						
	慢速						
沉降时间/min							

2. 大水样实验

（1）取实验水样 1000 mL，分别置入图 1 实验装置六组大烧杯中，根据前面小水样实验的各参数条件，加入不同用量的药剂，因搅拌强度、搅拌时间对混凝效果均产生影响，在搅拌混合初期阶段，要让混凝剂与废水迅速均匀混合，以便形成众多的小矾花；在反应中期阶段，既要创造足够的碰撞机会和良好的吸附条件让小矾花长大，又要防止生成的絮体被打碎，适当减缓搅拌强度，等到形成较大矾花时基本停止搅拌，时间不能过长，否则容易把已经生成的矾花打碎。根据本实验装置——六联搅拌器的特点，参照烧杯小水样混凝搅拌实验，确定最佳的搅拌强度和搅拌时间。

（2）搅拌过程完成后，停机，将水样取出，静置沉淀 15 min，并观察记录矾花沉淀的过程于表 4 中。与此同时，再将第二组六个水样置于搅拌器下。

（3）第一组六个水样，静沉 15 min 后，用注射器每次吸取水样杯中上清液约 130 mL（够 COD、浊度、pH 值测定即可），置于六个洗净的 200 mL 烧杯中，测定 COD、浊度及 pH 值并记入表 5 中。

（4）比较第一组实验结果。根据六个水样分别测得的剩余浊度，以及水样混凝沉淀时所观察到的现象，对最佳投药量的所在区间做出判断。缩小实验范围（加药量范围），重新设定第 M 组实验的最大和最小投药量 a 和 b，重复上述实验。

表 4 大水样实验结果记录

实验组号	观察记录		小结
	水样编号	矾花形成及水样过程的描述	
I	1		
	2		
	3		
	4		
	5		
	6		
II	1		
	2		
	3		
	4		
	5		
	6		

表 5　数据记录表

实验组号	混凝剂及指标	原水浊度		原水温度/℃		原水 pH 值	
I	水样编号	1	2	3	4	5	6
	投药量						
	浊度						
	COD						
	pH 值						
II	水样编号	1	2	3	4	5	6
	投药量						
	浊度						
	COD						
	pH 值						

注意事项：

① 电源电压应稳定，如有条件，电源上宜设一台稳压装置（例如 614 系列电子交流稳压器）。

② 取水样时，所取水样要搅拌均匀，要一次性量取以尽量减少所取水样浓度上的差别。

③ 移取烧杯中沉淀水上清液时，要在相同条件下取上清液，不要把沉下去的矾花搅起来。

3. 结果整理

以投药量为横坐标，以剩余浊度为纵坐标，绘制投药量-剩余浊度曲线，从曲线上可求得不大于某一剩余浊度的最佳投药量。

五、思考题

1. 不同混凝剂、混凝剂的投加量、pH 值、搅拌速度和搅拌时间对 COD（浊度）去除率是否都有影响？

2. 如何通过小水样混凝实验确定最佳工艺条件？

3. 根据实验结果以及实验中所观察到的现象，简述影响混凝的几个主要因素。

4. 为什么投药量大时，混凝效果不一定好？

5. 测量搅拌器搅拌叶片尺寸，计算中速、慢速搅拌时的 G 值（指速度梯度，用来表征混凝时的搅拌速度）及 GT 值（包含了速度梯度 G 值和反应时间 T，是一个综合衡量混凝过程的量）。计算整个反应器的平均 G 值。

6. 参考本实验步骤，编写出筛选最佳沉淀后 pH 值的实验过程。

7. 当无六联搅拌器时，试说明如何用 0.618 法（即黄金分割法）安排实验求最佳投药量。

实验二　过滤反冲洗实验

一、实验目的

1. 熟悉过滤反冲洗实验设备，观察过滤及反冲洗现象、滤料的水力筛分现象，探究滤料层膨胀与冲洗强度的关系，加深理解过滤及反冲洗原理。

2. 了解过滤及反冲洗模型的组成，探究滤料层的水头损失与工作时间的关系。

3. 熟悉过滤及反冲洗实验的方法，测定不同滤料层的水质，以了解不同滤料层的过滤效果。

4. 学习过滤及反冲洗工作中的主要技术并掌握观测的方法。

二、实验原理

过滤是利用具有孔隙的物料层截留水中杂质从而使水得到澄清的工艺过程。常用的过滤方式有砂滤、硅藻土涂膜过滤、烧结管微孔过滤、金属丝编织物过滤等。过滤不仅可以去除水中细小悬浮颗粒杂质，而且细菌病毒及有机物也会随浊度降低而被去除。滤池净化的主要作用是接触凝聚作用，水中经过絮凝的杂质截留在滤池之中，或者具有接触絮凝作用的滤料表面黏附水中的杂质。滤层去除水中杂质的效果主要取决于滤料的总表面积。

随着过滤时间的增加，滤层截留杂质的增多，滤层的水头损失也随之增大，其损失速度由滤速大小、滤料颗粒的大小和形状、过滤进水中悬浮物含量及截留杂质在垂直方向的分布而定。当滤速大、滤料颗粒粗、滤层较薄时，滤过的水水质很快变差，过滤水质周期较短；如滤速大、滤料颗粒细，滤池中的水头损失增加也很快，这样很快达到过滤压力周期。所以在处理一定性质的水时，正确确定滤速、滤料颗粒的大小、滤料及其厚度之间的关系，具有重要的技术意义与经济意义，该关系可通过实验的方法来确定。

当水头损失达到极限，使出水水质恶化时就要进行反冲洗。反冲洗的目的是清除滤层中的污物，使滤池恢复过滤能力。反冲洗采用自下而上的水流进行。滤料层在反冲洗时，当膨胀率一定时，滤料颗粒越大，所需的冲洗强度便越大；水温越高（水的黏滞系数越小），所需冲洗强度也越大。对于不同的滤料，同样颗粒的滤料，当相对密度大的与相对密度小的膨胀率相同时，相对密度大的所需的冲洗强度就大。精确地确定在一定的水温下冲洗强度与膨胀率之间的关系，最可靠的方法是进行反冲洗实验。

为了取得良好的过滤效果，滤料应具有一定级配。滤料的层次分布为承托层、石英砂滤料、无烟煤滤料。

三、实验材料与装置

1. 实验水样取自城市污水二沉池出口，或取自造纸厂废水处理站出口。

2. 过滤及反冲洗实验装置（如图2所示）。

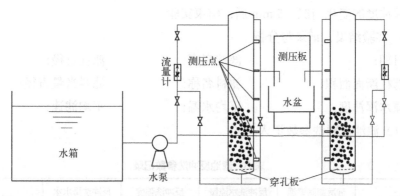

图2　过滤及反冲洗实验装置图

3. 温度计。

4. 钢卷尺。

四、实验步骤与数据记录

1. 熟悉实验设备

对照实验设备，熟悉滤池及相应的管路系统，包括配水设备、过滤柱、滤池进水阀门及流量计、滤池出水阀门、反冲洗进水阀门及流量计、反冲洗出水阀门、测压管等。

2. 进行滤料层反冲洗膨胀率与反冲洗强度关系的测定

首先标出滤料层原始高度及各相应膨胀率的高度，然后打开反冲洗排水阀，再慢慢开启反冲洗进水阀，用自来水对滤料层进行反冲洗，测量一定的膨胀率（10%、30%、40%、50%、60%、70%）时的流量，并测水温。

3. 进行过滤周期运行情况测定

关闭反冲洗进水阀及出水阀，全部打开滤池出水阀，待滤柱中水面下降到测压管 10～15 cm 处时，打开滤池进水阀门，控制流量在_____L/h，相应滤速_____m/h，加药量控制在_____mL/min，$Al_2(SO_4)_3$ 药液浓度为 1%，相应加药量为_____mg/L。约 3～5 min 后，滤柱中水面达到相对稳定，以此时作过滤周期的起点时刻开始测定，测定间隔 15 min，测定项目为各测压管水位、进出水浊度、水温。由于实验时间有限，过滤周期运行 2 h 左右即可结束。此时关闭滤池进水阀、滤池出水阀，停止加药。

4. 进行过滤后的滤柱反冲洗

打开反冲洗出水阀，再开反冲洗进水阀，控制滤池膨胀率为 50%，观察冲洗水浑浊度的变化情况。5 min 后，结束实验。

5. 实验结果、记录与分析

日期：   滤柱高度：   滤柱直径：

滤柱断面面积：   滤料名称：   滤料当量直径：

原水浑浊度：   平均水温：   平均滤速：

（1）滤池反冲洗参数记入表 6。

表 6　滤池反冲洗参数记录

时间/min	砂层膨胀率观测值/%	反冲洗水流量/(L/h)	反冲洗强度/[L/(s·m²)]	反冲洗排水水温/℃	备注

（2）经混凝预处理的过滤参数记入表 7。

加药量：_____mg/L［以 $Al_2(SO_4)_3$ 计］

表 7　滤池过滤参数记录

时间/min	流量/(L/h)	滤速/(m/h)	浑浊度			水位/cm					
			进水	出水	滤池水面	滤层A点	滤层B点	滤层C点	滤层D点	滤层E点	滤池出水

（3）绘制实验设备草图，注明各部分的主要尺寸。

（4）绘制过滤时滤料层水头损失与时间的关系曲线。

（5）绘制反冲洗强度与滤料层膨胀率的关系曲线。

（6）记录实验过程中的心得及存在问题。

五、思考题

1. 在操作中如何控制反冲洗强度?
2. 为什么要经混凝预处理后再进行过滤操作?

实验三　臭氧氧化实验

一、实验目的

1. 了解臭氧发生器的构造、原理和使用方法。
2. 掌握臭氧浓度、苯酚浓度的测定方法。
3. 通过对含酚废水的处理，了解臭氧处理工业废水的基本过程。

二、实验原理

臭氧是氧的同素异形体，具有很强的氧化性，不仅可以氧化废水中的不饱和有机物，而且还能使芳香族化合物开环和部分氧化，提高废水的可生化性。臭氧极不稳定，在常温下分解为氧。用臭氧处理废水的最大优点是不产生二次污染，且能增加水中的溶解氧，臭氧通常用于水体的消毒，在废水脱色及深度处理中也逐渐获得应用。在工业上，一般采用无声放电制取臭氧，原料为空气，廉价易得，是比较常见的臭氧制备方法。

三、实验材料与装置

1. 实验水样：含酚废水（或苯胺类水样）。
2. 实验装置：臭氧氧化实验工艺流程图如图 3 所示。

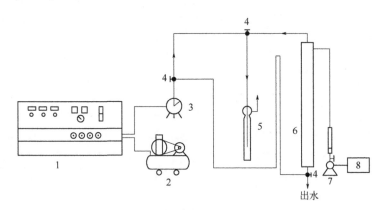

图 3　臭氧氧化实验工艺流程图

1—臭氧发生器；2—空气压缩机；3—湿式气体流量计；4—三通阀；5—KI 吸收瓶；
6—反应柱；7—塑料离心泵；8—废水池

四、实验步骤与数据记录

1. 事先熟悉实验工艺流程。

2. 打开反应柱进样阀，启动水泵，用转子流量计控制一定的流量，将含酚废水注入反应柱，当进水达到预定体积时，停泵，关闭进水阀。

3. 启动臭氧发生器（电压表示值 150 V，气体流量 75 L/h），待工作稳定后（约 5 min），将臭氧化空气通入反应柱，通入臭氧化空气的体积由湿式气体流量计计算。

注意事项：

① 氧气型臭氧发生器应特别注意使用时附近不能有明火，防止氧气爆炸；

② 臭氧发生器的臭氧放电管一般情况下每年应更换一次；

③ 臭氧干燥系统内的干燥剂每半年必须更换一次；

④ 将臭氧发生器置于通风干燥处，一旦机器周围环境潮湿就会漏电，机器不能正常操作；

⑤ 若冷却水进入臭氧发生器应立即关机，将放电系统全部拆开，更换放电管、干燥剂；

⑥ 臭氧发生器在运输过程中不可倒置，运行前一定要检查各仪表是否完好；

⑦ 调压器在调压过程中要逐步升压，切不可直接升至 15000 V。

4. 当通入的臭氧化空气的体积为 0 L、5 L、10 L、15 L、20 L、25 L、30 L、35 L 时，分别从反应柱取样口取样 125 mL（取样前应排除取样管中的积液）测定酚的含量，同时从吸收瓶中取样测定尾气中臭氧的浓度。

5. 从臭氧发生器取样口取样（8 次），测定其臭氧化空气中臭氧的浓度。

因在实验过程中，臭氧的浓度随实验条件的变化而变化，所以在实验步骤 4 取样完毕后，根据实验步骤 5 取样，计算臭氧浓度并作为臭氧的平均浓度。

6. 将实验数据填入表 8。

表 8　臭氧氧化实验数据

臭氧化空气的投加量/L	0	5	10	15	20	25	30	35
出水中酚的浓度/(mg/L)								
酚的去除率/%								
尾气中的臭氧浓度/(mg/L)								

臭氧的利用率/%								
臭氧的浓度/(mg/L)								
臭氧的投加量/mg								

7. 根据实验数据绘制苯酚的去除率-臭氧投加量的工作曲线。

8. 绘制臭氧利用率-臭氧投加量的工作曲线。

9. 改变废水流量，可绘制去除率-停留时间的关系曲线。

10. 关闭臭氧发生器。

五、思考题

1. 综上实验所得数据，对臭氧脱酚工艺作出评价。

2. 臭氧氧化处理含酚废水的原理是什么？

3. 为什么要进行尾气处理，如何处理？

第三章

污水处理实验

实验四　水静置沉淀实验

一、实验目的

1. 掌握沉淀特性曲线的测定方法。
2. 了解固体通量分析过程。
3. 加深对沉淀原理的理解，为沉淀池的设计提供必要的设计参数。

二、实验原理

沉淀是水污染控制用以去除水中杂质的常用方法。沉淀有四种基本类型：自由沉淀、凝聚沉淀、成层沉淀和压缩沉淀。自由沉淀用以去除低浓度的离散性颗粒，如沙砾、铁屑等。这些杂质颗粒的沉淀性能一般都要通过实验测定。

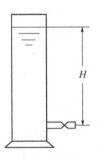

图4　沉降柱

在含有分散性颗粒的废水静置沉淀过程中，设实验筒（沉降柱）内有效水深为 H（图 4），通过不同的沉淀时间 t，可求得不同的颗粒沉淀速度 u，$u = H/t$。对于指定的沉淀时间 t_0，可求得颗粒沉淀速度 u_0。对于沉淀速度 u 等于或大于 u_0 的颗粒在 t_0 时可全部去除，而对于沉淀速度 $u < u_0$ 的颗粒只有一部分去除，而且按 u/u_0 的比例去除。

设 P_0 代表沉淀速度 $\leq u_0$ 的颗粒所占比例，在悬浮颗粒总数中，去除的颗粒占比可用 $1-P_0$ 表示。而具有沉淀速度 $u \leq u_0$ 的每种粒径的颗粒去除的部分等于 u/u_0。因此考虑各种颗粒粒径时，这类颗粒的去除率为 $\int_0^{P_0} \dfrac{u}{u_0} \mathrm{d}P$，则总去除率为

$$\eta = (1-P_0) + \frac{1}{u_0}\int_0^{P_0} u\,\mathrm{d}P \qquad （1）$$

式（1）中第二项可将沉淀分配曲线用图解积分法确定，如图 5 中的阴影部分。

絮凝悬浮物的静置沉淀的去除率，不仅与沉淀速度有关，而且与深度有关。沉降柱的不同深度设有取样口，在不同的选定时段，自不同深度取水样，测定这部分水样中的颗粒浓度，并用以计算沉淀物质

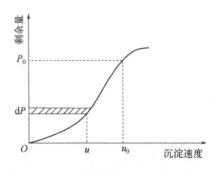

图5　颗粒物沉淀速度累积频率分配曲线

的占比。在横坐标为沉淀时间、纵坐标为深度的图上绘出等浓度曲线，为了确定一特定池中悬浮物的总去除率，可以采用与分散性颗粒相似的近似法求得。

上述是一般废水静置沉淀实验方法。这种方法的实验工作量较大，因此本实验过程中对上述方法进行了改进。

沉淀开始时，可以认为悬浮物在水中的分布是均匀的。但随着沉淀历时的增加，悬浮物在沉降柱内的分布变为不均匀。严格地说经过沉淀时间 t 后，应将沉降柱内有效水深 H 的全部水样取出，测出其悬浮物含量，来计算出 t 时间内的沉淀效率。但是这样工作量太大，而且每个沉降柱内只能求一个沉淀时间的沉淀效率。为了克服上述弊端，又考虑到沉降柱内悬浮物浓度沿水深的变化，所以我们提出的实验方法是将取样口装在沉降柱 $H/2$ 处。近似地认为该处水的悬浮物浓度代表整个有效水深悬浮物的平均浓度。我们认为这样做在工程上的误差是允许的，而实验及测定工作量可大为简化，在一个沉降柱内就可多次取样，完成沉淀曲线的实验。

三、实验材料与装置

1. 实验水样：生活污水，造纸、印染、高炉煤气洗涤等工业废水或黏土配水。

2. 沉降柱（实验装置示意图见图6）直径 200 mm，工作有效水深 1500 mm。

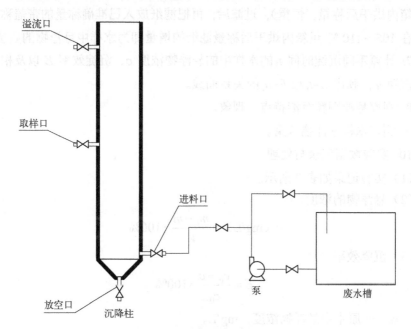

图6　水静置沉淀实验装置示意图

3. 真空抽滤装置或过滤装置。

4. 悬浮物定量分析所需设备，包括分析天平、带盖称量瓶、干燥器、烘箱等。

四、实验步骤与数据记录

1. 将水样倒入废水槽中，用泵循环搅拌约 5 min，使得水样中悬浮物分布均匀。

2. 用泵将水样输入沉降柱，在输入过程中，从沉降柱中取样三次，每次约 50 mL（取样后要准确记下水样体积）。此水样的悬浮物浓度即为实验水样的原始浓度 c_0。

3. 当废水升到溢流口，溢流管流出水后，关紧沉降柱底部的阀门，停泵，记下沉淀开始时间。

4. 观察静置沉淀现象。

5. 隔 5 min、10 min、20 min、30 min、45 min、60 min、90 min，从沉降柱取样口取样两次，每次约 50 mL（准确记下水样体积）。取水样前要先排出取样管中的积水约 10 mL，取水样后测量工作水深的变化。

6. 将每一种沉淀时间的两个水样做平行实验，用滤纸抽滤（滤纸应当是已在烘箱内烘干后称量，恒重），过滤后，再把滤纸放入已准确称量的带盖称量瓶内，在 105～110 ℃烘箱内烘干后称量滤纸的增量即为水样中悬浮物的质量。

7. 计算不同沉淀时间 t_i 的水样中的悬浮物浓度 c、沉淀效率 E 以及相应的颗粒沉速 u_i，画出 E~t_i 和 E~u_i 的关系曲线。

8. 观察悬浮颗粒沉淀特点、现象。

9. 测定水样悬浮物含量。

10. 实验数据记录与处理

（1）实验记录如表 9 所示。

（2）悬浮物的浓度：

$$c（\text{mg/L}）=\frac{m_i-m}{V}\times100\%$$

（3）沉降效率：

$$E=\frac{c_0-c}{c_0}\times100\%$$

式中　c_0——原水中悬浮物浓度，mg/L。

表9 颗粒自由沉淀实验记录

日期：　　　　　　　　　　　　水样：　　　　　　　　　水温：

静沉时间/min	滤纸编号	称量瓶号	称量瓶+滤纸质量 m/g	取样体积 V/mL	瓶纸+悬浮物质量 m_i/g	水样悬浮物质量/g	c/(mg/L)	浓度均值 $\bar{c}$ /(mg/L)	工作水深 h_i/mm
0									
5									
10									
20									
30									
45									
60									
90									

注意事项：

① 向沉淀柱内进水时，速度要适中，既要较快完成进水，以防进水中一些较重颗粒沉淀，又要防止速度过快造成柱内水体紊动，影响静沉实验效果。

② 取样前，一定要记录管中水面至取样口距离 H_0（以 cm 计）。

③ 测定悬浮物时，因颗粒较重，从烧杯取样要边搅边吸，以保证两平行水样的均匀性。贴于移液管壁上的细小颗粒一定要用蒸馏水洗净。

（4）绘制沉降柱草图及管路连接图。

（5）数据整理：将实验原始数据按表10整理，以备计算分析之用。

表 10 中不同沉淀时间 t_i 时，沉淀管内未被移除的悬浮物的百分比（P_i）及颗粒沉速（u_i）分别按下式计算。

$$P_i = \frac{c_i}{c_0} \times 100\%$$

$$u_i = \frac{h_i}{t_i}$$

表10 实验原始数据整理表

沉淀高度/cm						
沉淀时间/min						
实测水样 SS/(mg/L)						
未被移除颗粒百分比 P_i						
颗粒沉速 u_i/(mm/s)						

（6）以颗粒沉速 u_i 为横坐标，以 P_i 为纵坐标，在普通格纸上绘制 u_i–P_i 关系曲线。

（7）利用图解法列表（表 11）计算不同沉速时，悬浮物的去除率。

表 11　悬浮物去除率 η 的计算

序号	u_0	P_0	$1-P_0$	ΔP	$\dfrac{\sum u_{\mathrm{S}}\Delta P}{u_0}$	$\eta=(1-P_0)+\dfrac{\sum u_{\mathrm{S}}\Delta P}{u_0}$

注：u_0 表示任意在图 5 中取的一系列沉淀速度，mm/s；P_0 表示沉淀速度≤u_0 的颗粒占比；ΔP 表示数值积分时每个矩形的宽度；u_{S} 表示数值积分时每个矩形的长度。

（8）根据上述计算结果，以 η 为纵坐标，分别以 u_i 及 t_i 为横坐标，绘制 $u_i\sim\eta$，$t_i\sim\eta$ 关系曲线。

五、思考题

1. 自由沉淀中颗粒沉速与絮凝沉淀中颗粒沉速有何区别？

2. 简述绘制自由沉淀静沉曲线的方法及意义。

3. 沉淀柱高分别为 $H=1.2\ \mathrm{m}$，$H=0.9\ \mathrm{m}$，两组实验结果是否一样，为什么？

4. 分析不同工作水深的沉淀曲线，如应用到沉淀池的设计，需注意什么问题？

实验五　曝气充氧实验

一、实验目的

1. 理解曝气充氧的机理及影响因素。
2. 掌握曝气设备清水充氧性能测定的方法。

二、实验原理

曝气是活性污泥系统的一个重要环节，它的作用是向池内充氧，保证微生物生化作用所需，同时保持池内一定的微生物、有机物及溶解氧含量，即泥、水、气三者的充分混合，为微生物降解创造有利条件。

曝气是人为地通过充氧设备加速向水中传递氧的过程，常用的曝气设备分为机械曝气和鼓风曝气两大类，无论哪一种曝气设备，其充氧过程均属传质过程，氧传递机理为双膜理论，如在图 7 所示氧传递过程中，阻力主要来自液膜，氧传递基本方程式为：

$$\frac{dc}{dt} = K_{La}(c_S - c) \qquad (2)$$

式中　$\dfrac{dc}{dt}$——液体中溶解氧浓度变化速率，mg/(L·min)；

$\quad c_S - c$——氧传质推动力，mg/L；

$\quad c_S$——液膜处饱和溶解氧浓度，mg/L；

$\quad c$——液相主体中溶解氧浓度，mg/L；

$\quad K_{La}$——氧总转移系数，其计算式为 $K_{La} = \dfrac{D_L A}{Y_L V}$；

$\quad D_L$——液膜中氧分子扩散系数；

$\quad Y_L$——液膜厚度；

$\quad A$——气液两相接触面积；

$\quad V$——曝气液体体积。

由于液膜厚度 Y_L 和液体流态有关，而且实验中无法测定与计算，同样气液接触面积 A 的大小也无法测定与计算，故用氧总转移系数 K_{La} 代替。

将式（2）积分整理后得曝气设备氧总转移系数 K_{La} 计算式。

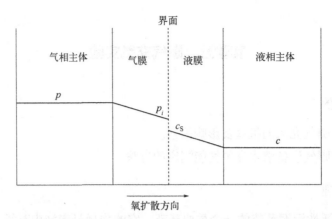

图 7 双膜理论模式（p 表示氧的原始界面压力，p_i 表示某时段氧的界面压力）

$$K_{La} = \frac{2.303}{t - t_0} \times \lg \frac{c_S - c_0}{c_S - c_t}$$ （3）

式中　K_{La}——氧总转移系数，min^{-1} 或 h^{-1}；

　　　t_0——曝气开始时间（$t_0 = 0$），min；

　　　t——曝气时间，min；

　　　c_0——曝气开始时池内溶解氧浓度，$t_0 = 0$ 时，$c_0 = 0$ mg/L；

　　　c_S——曝气池内液体饱和溶解氧浓度，mg/L；

　　　c_t——曝气某一时刻 t 时，池内液体溶解氧浓度，mg/L。

　　影响氧总转移系数 K_{La} 的因素很多，除了曝气设备本身结构尺寸、运行条件外，还与水质、水温等有关。为了进行互相比较，以及向设计、使用部门提供曝气性能，故曝气实验设备给出的充氧性能均为清水、标准状态下，即清水（一般多为自来水）101.325 kPa、20 ℃ 下的充氧性能。常用指标有氧总转移系数 K_{La}、充氧能力 Q_c、动力效率 E 和氧利用率 η。

　　曝气设备充氧性能测定实验，一种是间歇非稳态测定法，即实验时一池水不进不出，池内溶解氧浓度随时间而变；另一种是连续稳态测定法，即实验时池内连续进出水，池内溶解氧浓度保持不变。目前国内外多用间歇非稳态测定法，即向池内注满所需水后，将待曝气之水以无水亚硫酸钠为脱氧剂，氯化钴为催化剂，脱氧至零后开始曝气，液体中溶解氧浓度逐渐升高。水中溶解氧的浓度 c 是时间 t 的函数，曝气后每隔一定时间，取曝气后水样，测定水中溶解氧浓度，从而利用式（3）计算 K_{La} 值，或是以亏氧量（$c_S - c_t$）为纵坐标，在半对数坐标纸上绘图，直线斜率即为 K_{La} 值。

三、实验材料与装置

1. 微型曝气清水充氧设备及试剂

（1）曝气池 [见图 8（a）]：以 0.8 m×1.0 m×4.3 m 钢板（或足够强度的有机塑料）制成，曝气及空气压缩机组。

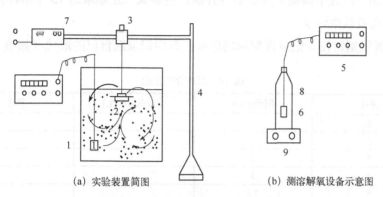

(a) 实验装置简图　　　　　　　　(b) 测溶解氧设备示意图

图 8　曝气设备充氧能力实验装置

1—模型曝气池；2—泵型叶轮；3—电动机；4—电动机支架；5—溶解氧仪；

6—溶解氧探头；7—稳压电源；8—广口瓶；9—电磁搅拌器

（2）水循环系统、吸水池、小型抽水泵。

（3）水中溶解氧测定设备：测定方法详见水质分析（碘量法），或用溶解氧测定仪 [见图 8（b）]。

（4）无水亚硫酸钠、氯化钴、秒表。

2. 微孔鼓风曝气清水充氧设备

（1）穿孔管布气装置：孔眼 40 mm×φ0.5 mm，与垂直线成 45°夹角，两排交错排列。

（2）空气压缩机。

四、实验步骤与数据记录

1. 曝气池注入清水至 3 L（V）处时，测定水中溶解氧（DO），计算池内溶氧量 $G = DO×V$。

2. 计算投药量。

（1）脱氧剂采用无水亚硫酸钠。

根据 $2Na_2SO_3 + O_2 = 2Na_2SO_4$，则每次投药量 $g = G×8×(1.1\sim1.5)$。其中，数值 1.1～1.5 是为脱氧安全而取的系数。

（2）催化剂采用氯化钴（$CoCl_2$），投加浓度为 0.1 mg/L，将称得的药剂用温水化开，由池顶倒入池内。

3. 约 10 min 后，取水样测其溶解氧。当池内水脱氧至零后，进行鼓风曝气，观察曝气出口处，当有气泡出现时，开始计时，同时每隔 1 min（前 3 个间隔）和 0.5 min（后几个间隔）开始取样并测定溶解氧，连续取约 15 个水样。

4. 实验数据记录

溶解氧测定仪与记录仪配用的记录，采用记录纸自记的形式（如表 12）。

表 12　曝气充氧记录

序号	时间/min	溶解氧/(mg/L)	备注
1	0		
2	1		
3	2		
4	3		
5	3.5		
6	4		
7	4.5		
8	5		
…	…		

注意事项：

① 认真调试仪器设备，特别是溶解氧测定仪，要定时更换探头内溶解液，使用前校准测试。

② 溶解氧测定仪探头的位置对实验影响较大，要保证位置的固定不变，探头应保持与被测溶液有一定相对流速，一般在 20～30 cm/s，测试中应避免曝气出气孔和探头直接接触，引起表针跳动影响读数。

③ 应严格控制各项基本实验条件，如水温、搅拌强度、曝气风量等，尤其是对比实验更应严格控制。

④ 如果在含有活性污泥的曝气池中开展实验，曝气池混合液浓度，应为正常条件（设计或正常运行）下的污泥浓度。

五、思考题

1. 曝气充氧设备对污水微生物处理起着什么作用？

2. 除了提供足够的溶解氧，还需要哪些条件以确保有利于微生物生长的环境？

实验六　活性污泥吸附性能测定

一、实验目的

1. 加深理解污水生物处理及吸附再生式曝气池的特点、吸附段与污泥再生段的作用。

2. 掌握活性污泥吸附性能测定方法。

3. 初步判断污泥再生效果，不同运行条件、方式、水质等状况下污泥性能的好坏。

二、实验原理

在活性污泥法中，起主导作用的是活性污泥，活性污泥性能的优劣，对活性污泥系统的净化功能有决定性的作用。活性污泥由大量微生物凝聚而成，具有很大的表面积，性能优良的活性污泥应具有很强的吸附性能和氧化分解有机污染物的能力，并具有良好的沉淀性能。因此，活性污泥的活性即吸附性能、生物降解能力与污泥凝聚沉淀性能。

活性污泥由于单位体积表面积很大，特别是再生性能良好的活性污泥具有很强的吸附性能，故在污水与活性污泥接触初期由于吸附作用，而使污水中底物得以大量去除，即所谓初期去除；随着细胞外酶作用，某些被吸附物质经水解后，又进入水中，使污水中底物浓度又有所上升，随后由于微生物对底物的降解作用，污水中底物浓度随时间而逐渐缓慢地降低，整个过程如图 9 所示。

三、实验材料与装置

1. 有机玻璃搅拌罐 2 个，如图 10 所示。

2. 100 mL 量筒及烧杯、三角瓶、天平、秒表、玻璃棒、漏斗等。

3. 离心机、水分快速测定仪。

4. COD 快速测定装置或 BOD_5 测定装置。

四、实验步骤与数据记录

1. 制取活性污泥

（1）取正在运行曝气池的再生段末端污泥或回流污泥，或普通空气曝气池与氧气曝气池回流污泥，经离心机脱水，倾去上清液。

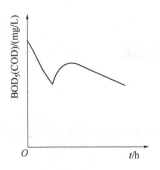

图9 底物浓度随时间变化曲线

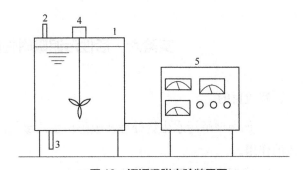

图10 污泥吸附实验装置图

1—搅拌罐；2—进样口；3—取样放空口；
4—搅拌器；5—控制仪表

（2）分别称取两份一定质量（14～16 g）的污泥（即上一步骤经离心脱水后污泥），在 100 mL 烧杯中加入少量待测水搅匀，分别放入两个搅拌罐内（总容积保持 7～8 L，罐内混合液悬浮固体浓度 MLSS 在 2～3 g/L 为适宜），注意两罐内浓度应保持一致。

2. 取待测水样注入搅拌罐内，容积在 7～8 L 左右，同时取原水样测定 COD 或 BOD_5 值。

3. 打开搅拌开关，同时记录时间，在 0.5 min、1.0 min、1.5 min、2.0 min、3.0 min、5.0 min、10 min、20 min、40 min、70 min，分别取出 200 mL 左右混合液。

4. 将上述各时间段所取水样 200 mL 分为两等份，其中一份静沉 30 min 后，过滤，取其上清液或滤液，测定其 COD 或 BOD_5 值等，另一份 100 mL 混合液测其污泥浓度。

5. 结果记录在表 13 中。

表13 BOD_5 或 COD 吸附性能测定记录

BOD_5 或 COD/(mg/L)	吸附时间/min									
	0.5	1.0	1.5	2.0	3.0	5.0	10	20	40	70
搅拌罐1										
搅拌罐2										

6. 结果整理：以吸附时间为横坐标，以水样 BOD_5 或 COD 为纵坐标绘图。

注意事项：

① 因是平行对比实验，故应尽量保证两搅拌罐内污泥浓度和水样均匀一致。

② 注意仪器设备的使用，实验中保持两搅拌罐运行条件，尤其是搅拌强度的一致性。

③ 由于实验取样间隔时间短，样品又多，准备工作要充分，不要弄乱。

五、思考题

1. 活性污泥吸附性能指哪些性能？它对污水底物的去除有何影响？试举例说明。

2. 影响活性污泥吸附性能的因素有哪些？

3. 简述活性污泥吸附性能测定的意义。

4. 试分析对比吸附段、再生段污泥吸附曲线区别（曲线低点的数值与出现时间）及其原因。

实验七　污泥沉降比和污泥体积指数评价指标测定实验

一、实验目的

1. 了解活性污泥由大量微生物及有机物和无机物的絮状泥粒等组成的特性。

2. 掌握污泥沉降比（SV）、污泥体积指数（SVI）、混合液悬浮固体浓度（MLSS）、混合液挥发性悬浮固体浓度（MLVSS）的测定和计算方法。

3. 了解评价活性污泥性能的四项指标及其相互关系。

二、实验原理

在废水生物处理中，活性污泥法是很重要的一种处理方法，也是城市污水处理厂最广泛使用的方法。活性污泥法是指在人工供氧的条件下，通过悬浮在曝气池中的活性污泥与废水的接触，去除废水中有机物或某种特定物质的处理方法。在这里，活性污泥是废水净化的主体，是指充满了大量微生物及有机物和无机物的絮状泥粒。它具有很大的比表面积和强烈的吸附和氧化能力，沉降性能良好。活性污泥生长的好坏，与其所处的环境因素有关，而活性污泥性能的好坏，又直接关系到废水中污染物的去除效果。为此，污水处理厂的工作人员经常观察和测定活性污泥的组成和絮凝、沉降性能，以便及时了解曝气池中活性污泥的运行状况，从而预测处理出水的好坏。

活性污泥评价指标一般有生物相、混合液悬浮固体浓度（MLSS）、混合液挥发性悬浮固体浓度（MLVSS）、污泥沉降比（SV）、污泥体积指数（SVI）和污泥龄（θ_c）等。

混合液悬浮固体浓度（MLSS）又称混合液污泥浓度。它表示曝气池单位容积混合液内所含活性污泥固体物的总质量，由活性细胞（M_a）、内源呼吸残留的不可生物降解的有机物（M_e）、入流水中生物不可降解的有机物（M_i）和入流水中的无机物（M_{ii}）四部分组成。混合液挥发性悬浮固体浓度（MLVSS）表示混合液活性污泥中有机性固体物质部分的浓度，即由 MLSS 中的前三项组成。活性污泥净化废水靠的是活性细胞（M_a），当 MLSS 一定时，M_a 越高，表明污泥的活性越好，反之越差。MLVSS 不包括无机部分（M_{ii}），所以用其来表示活性污泥的活性比 MLSS 好，但它不能代表活性污泥微生物（M_a）的量。这两项指标虽然在代表混合液生物量方面不够精确，但测定方法简单易行，也能够在一定程度上表示相对的生物量，因此广泛用于活性污泥处理系统的设计、运行。对于生活污水和以生活污水为主体的城市污水，MLVSS 与 MLSS 的比值在 0.75 左右。

性能良好的活性污泥，除了具有去除有机物的能力以外，还应有好的絮凝沉降性能。这是正常生化系统的活性污泥所应具有的特性之一，也是二沉池正常工作的前提和出水达标的保证。活性污泥的絮凝沉降性能，可用污泥沉降比（SV）和污泥体积指数（SVI）这两项指标来加以评价。污泥沉降比是指曝气池混合液在 100 mL 量筒中沉淀 30 min，污泥体积与混合液体积之比。活性污泥混合液经 30 min 沉淀后，沉淀污泥可接近最大密度，因此可用 30 min 作为测定污泥沉降性能的依据。一般生活污水和城市污水的 SV 为 15%～30%。污泥体积指数是指曝气池混合液经 30 min 沉淀后，每克干污泥形成的沉淀污泥所占有的体积，以 mL 计，即 mL/g，但习惯上把单位略去。SVI 的计算式为

$$SVI = \frac{SV(mL/L)}{MLSS(g/L)} \qquad (4)$$

在一定的污泥量下，SVI 反映了活性污泥的凝聚沉淀性能。如 SVI 较高，表示 SV 较大，污泥沉降性能较差；如 SVI 较小，污泥颗粒密实，污泥老化，沉降性能好。但如 SVI 过低，则污泥矿化程度高，活性及吸附性都较差。一般来说，当 SVI<100 时，污泥沉降性能良好；当 SVI 为 100～200 时，沉降性能一般；而当 SVI>200 时，沉降性能较差，污泥易膨胀。一般城市污水的 SVI 在 100 左右。

三、实验材料与装置

①曝气池（图 8）：1 套；②电子分析天平：1 台；③烘箱：1 台；④马弗炉：1 台；⑤量筒：100 mL，1 只；⑥三角烧瓶：250 mL，1 只；⑦短柄漏斗：1 只；⑧称量瓶：ϕ 40 mm × 70 mm，1 只；⑨瓷坩埚：30 mL，1 只；⑩干燥器：1 台；⑪滤纸：ϕ 12.5 cm，1 盒；⑫取自城市污水处理厂的曝气池污泥与污水混合水样。

四、实验步骤与数据记录

1. 将 ϕ 12.5 cm 的定量中速滤纸折好并放入已编号的称量瓶中，在 103～105 ℃烘箱中烘 2 h，取出称量瓶，放入干燥器中冷却 30 min，在电子天平上称重，记下称量瓶编号和质量 m_1（g）。

2. 将已编号的瓷坩埚放入马弗炉中，在 600 ℃温度下灼烧 30 min，取出瓷

坩埚，放入干燥器中冷却 30 min，在电子天平上称重，记下坩埚编号和质量 m_2（g）。

3. 用 100 mL 量筒量取曝气池混合液 100 mL（V_1），静置沉淀 30 min，观察活性污泥在量筒中的沉降现象，到 30 min 时记录下沉淀污泥的体积 V_2（mL）。

4. 从已知编号和称重的称量瓶中取出滤纸，放入已插在 250 mL 三角烧瓶上的玻璃漏斗中，取 100 mL 曝气池混合液慢慢倒入漏斗过滤。

5. 将过滤后的污泥与滤纸一同放入原称量瓶中，在 103～105 ℃ 的烘箱中烘 2 h，取出称量瓶，放入干燥器中冷却 30 min，在电子天平上称重，记下称量瓶编号和质量 m_3（g）。

6. 取出称量瓶中已烘干的污泥和滤纸，放入已编号和称重的瓷坩埚中，在 600 ℃ 温度下灼烧 30 min，取出瓷坩埚，放入干燥器中冷却 30 min，在电子天平上称重，记下瓷坩埚编号和质量 m_4（g）。

7. 实验数据记录与整理

（1）实验数据记录

参考表 14 记录实验数据。

表 14　活性污泥评价指标实验记录表

实验日期：_____

称量瓶质量/g			瓷坩埚质量/g			挥发分质量/g
编号	m_1	m_3	m_3-m_1	编号	m_2	m_4	m_4-m_2	$(m_3-m_1)-(m_4-m_2)$

（2）污泥沉降比计算

$$SV = \frac{V_2}{V_1} \times 100\%$$

注：V_1 一般取 100 mL。

（3）混合液悬浮固体浓度计算

$$MLSS（g/L）= \frac{(m_3 - m_1) \times 1000}{V_1}$$

（4）污泥体积指数计算

$$SVI = \frac{SV（mL/L）}{MLSS（g/L）}$$

（5）混合液挥发性悬浮固体浓度计算

$$MLVSS（g/L）= \frac{(m_3 - m_1) - (m_4 - m_2)}{V_1 \times 10^{-3}}$$

五、思考题

1. 污泥沉降比测定时，为什么要静置沉淀 30 min?

2. 污泥体积指数 SVI 的倒数表示什么? 为什么可以这么说?

3. 当曝气池中 MLSS 一定时，如发现 SVI 大于 200，应采取什么措施? 为什么?

4. 对于城市污水来说，SVI 大于 200 或小于 50 各说明什么问题?

实验八　厌氧消化或厌氧生物处理实验

一、实验目的

1. 掌握厌氧消化实验方法。

2. 了解厌氧消化过程 pH 值、碱度、产气量、COD 去除等的变化情况，加深对厌氧消化的理解。

3. 掌握 pH 值、COD 的测定方法。

二、实验原理

厌氧消化可用于处理有机污泥和高浓度有机废水（如柠檬酸废水、制浆造纸废水、含硫酸盐废水等），是污水厌氧生物处理的主要方法之一。

厌氧消化过程受 pH 值、碱度、温度、负荷率等因素的影响，产气量与操作条件、污染物种类有关。进行消化设计前，一般都要经过实验室试验来确定该废水是否适于消化处理、能降解到什么程度、消化池可能承受的负荷以及产气量等有关设计参数。因此，掌握厌氧消化实验方法是很重要的。

厌氧消化过程是在无氧条件下，利用兼性细菌和专性厌氧细菌来降解有机物的处理过程，其终点产物和好氧处理不同：碳大部分转化成甲烷，氮转化成氨和氮，硫转化为硫化氢，中间产物除同化合成为细菌物质外，还合成为复杂而稳定的腐殖质。

厌氧消化过程可分为四个阶段：

（1）水解阶段。高分子有机物在胞外酶作用下进行水解，被分解为小分子有机物。

（2）消化阶段（发酵阶段）。小分子有机物在产酸菌的作用下转变成挥发性脂肪酸（VFA）、醇类、乳酸等简单有机物。

（3）产乙酸阶段。上述产物被进一步转化为乙酸、H_2、碳酸及新细胞物质。

（4）产甲烷阶段。乙酸、H_2、碳酸、甲酸和甲醇等在产甲烷菌作用下被转化为甲烷、二氧化碳和新细胞物质。由于甲烷菌繁殖速度慢，世代周期长，所以这一反应步骤控制了整个厌氧消化过程。

三、实验材料与装置

1. 实验材料

（1）已培养驯化好的厌氧污泥。

（2）模拟工业废水（本实验采用人工配制的甲醇废水）。

2. 实验设备

（1）厌氧消化装置（见图11）：消化瓶的瓶塞、出气管以及接头处都必须密闭，防止漏气，否则会影响微生物的生长和所产沼气的收集。

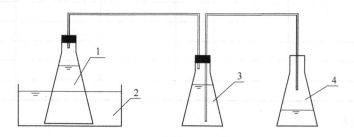

图 11　厌氧消化实验装置

1—消化瓶；2—恒温水浴槽；3—集气瓶；4—计量瓶

（2）pH 值、COD 测定装置。

（3）酸度计。

四、实验步骤与数据记录

1. 配制甲醇废水 400 mL 备用。甲醇废水配比如下：甲醇体积分数 2%、乙醇体积分数 0.2%、NH_4Cl 质量分数 0.05%、甲酸钠质量分数 0.5%、KH_2PO_4 质量分数 0.025%。pH = 7.0～7.5。

2. 消化瓶内有驯养好的消化污泥混合液 400 mL，从消化瓶中倒出 50 mL 消化液（消化污泥投配率可以自行设置，本实验以倒出 50 mL 消化液添加，即投配率为 12.5%，可以选择 10%、15%、20%、25%等比例添加消化污泥）。

3. 加入 50 mL 配制的甲醇废水，摇匀后盖紧瓶塞，将消化瓶放进恒温水浴槽中，控制温度在 35 ℃ 左右。

4. 每隔 2 h 摇动一次，并记录产气量，共记录 5 次，填入表 15，产气量的计量采用排水集气法。

表 15　沼气产量记录表

时间/h	0	2	4	6	8	10	24 h 总产气量
沼气产量/mL							

5. 24 h 后取样分析出水 pH 值和 COD 值,同时分析进水水样的 pH 值和 COD 值,填入表 16。

表 16　厌氧消化反应实验记录表

日期	投配率/%	进水		出水		COD 去除率/%	沼气产量/mL
		pH 值	COD/(mg/L)	pH 值	COD/(mg/L)		

五、思考题

1. 绘制一天内沼气产率的变化曲线,并分析变化的原因。

2. 绘制消化瓶稳定运行后沼气产率曲线和 COD 去除率曲线。

3. 分析哪些因素会对厌氧消化产生影响,如何使厌氧消化顺利进行。

实验九　活性炭吸附实验

一、实验目的

1. 通过实验进一步了解活性炭的吸附工艺及性能，并熟悉整个实验过程的操作。

2. 掌握用"间歇"法、"连续流"法确定活性炭处理污水的设计参数的方法。

二、实验原理

活性炭吸附是目前国内外应用较多的一种水处理技术。由于活性炭对水中大部分污染物都有较好的吸附作用，因此活性炭吸附应用于水处理时往往具有出水水质稳定，适用于多种污水的优点。活性炭吸附常用来处理某些工业污水，在有些特殊情况下也用于给水处理。比如当给水水源中含有某些不易去除而且含量较少的污染物时，或某些偏远小居住区尚无自来水厂，需临时安装一小型自来水生产装置时，往往使用活性炭吸附装置。但由于活性炭的生产成本较高，再生过程较复杂，所以活性炭吸附的广泛应用尚具有一定的局限性。

活性炭吸附就是利用活性炭的固体表面对水中一种或多种物质的吸附作用，以达到净化水质的目的。活性炭的吸附作用来源于两个方面，一是活性炭内部分子在各个方向都受同等大小的力而在表面的分子则受到不平衡的力，这就使其他分子吸附于其表面上，此为物理吸附；二是活性炭与被吸附物质之间的化学作用，此为化学吸附。活性炭的吸附是上述两种吸附综合作用的结果。当活性炭在溶液中的吸附速度和解吸速度相等时，即单位时间内活性炭吸附的数量等于解吸的数量时，此时被吸附物质在溶液中的浓度和在活性炭表面的浓度均不再变化而达到了平衡，此时的动平衡称为活性炭吸附平衡，而此时被吸附物质在溶液中的浓度称为平衡浓度。活性炭的吸附能力以吸附量 q 表示。

$$q = \frac{V(c_0 - c)}{m} = \frac{X}{m} \tag{5}$$

式中　q——活性炭吸附量，即单位质量的吸附剂所吸附的物质质量，g/g；

　　　V——污水体积，L；

　c_0、c——吸附前原水及吸附平衡时污水中的物质浓度，g/L；

　　　X——被吸附物质质量，g；

　　　m——活性炭投加量，g。

在温度一定的条件下，活性炭的吸附量随被吸附物质平衡浓度的提高而提高，两者之间的变化曲线称为吸附等温线，通常用 Freundlich 经验式加以表达。

$$q = Kc^{\frac{1}{n}} \tag{6}$$

式中　q——活性炭吸附量，g/g；

　　　c——被吸附物质平衡浓度，g/L；

　　K、n——与溶液的温度、pH 值以及吸附剂和被吸附物质的性质有关的常数。

　　K、n 值求法如下：通过间歇式活性炭吸附实验测得 q、c 相应值，将式（6）取对数后变为下式

$$\lg q = \lg K + \frac{1}{n}\lg c \tag{7}$$

将 q、c 相应值点绘在双对数坐标纸上，所得直线的斜率为 $\dfrac{1}{n}$，截距则为 $\lg K$。如图 12 所示。

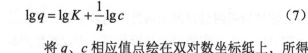

图12　吸附等温线

由于间歇式静态吸附法处理能力低、设备多，故在工程中多采用连续流活性炭吸附法，即活性炭动态吸附法。

采用连续流方式的活性炭层吸附性能可用勃哈特（Bohart）和亚当斯（Adams）所提出的关系式来表达。

$$\ln\left(\frac{c_0}{c_B} - 1\right) = \ln\left[\exp\left(\frac{KN_0D}{v}\right) - 1\right] - Kc_0t \tag{8}$$

$$t = \frac{N_0}{c_0v}D - \frac{1}{c_0K}\ln\left(\frac{c_0}{c_B} - 1\right) \tag{9}$$

式中　t——工作时间，h；

　　　v——流速，m/h；

　　　D——活性炭层厚度，m；

　　　K——速率常数，L/(mg·h)；

　　N_0——吸附容量，即达到饱和时被吸附物质的吸附量，mg//L；

　　c_0——进水中被吸附物质浓度，mg/L；

　　c_B——允许出水溶质浓度，mg/L。

当工作时间 $t = 0$ 时，能使出水浓度小于 c_B 的炭层理论深度（D_0）称为活性炭层的临界深度，其值由上式 $t = 0$ 推出

$$D_0 = \frac{v}{KN_0} \ln\left(\frac{c_0}{c_B} - 1\right) \tag{10}$$

炭柱的吸附容量（N_0）和速率常数（K），可通过连续流活性炭吸附实验并利用式（9）$t \sim D$ 线性关系回归或作图法求出。

三、实验材料与装置

1. 间歇式活性炭吸附实验装置如图 13 所示。

2. 连续流活性炭吸附实验装置如图 14 所示。

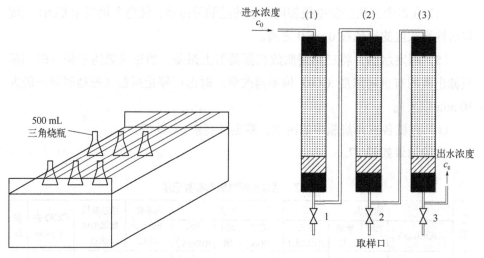

图 13　间歇式活性炭吸附实验装置　　图 14　连续流活性炭吸附实验装置

3. 间歇与连续流实验所需设备及用具如下所列。

（1）康氏振荡器一台。

（2）500 mL 三角烧瓶 6 个。

（3）烘箱。

（4）COD、悬浮物（SS）等测定分析装置、玻璃器皿、滤纸等。

（5）有机玻璃炭柱，内径 $d = 20 \sim 30$ mm，高 $H = 1.0$ m。

（6）活性炭（粉末或颗粒）。

（7）配水及投配系统。

四、实验步骤与数据记录

1. 间歇式活性炭吸附实验

（1）将某污水用滤布过滤，去除水中悬浮物，或自配污水，测定该污水的COD、pH 值、SS 等。

（2）将活性炭放在蒸馏水中浸 24 h，然后放在 105 ℃烘箱内烘至恒重，再将烘干后的活性炭压碎，使其成为能通过 200 目以下筛孔的粉状炭。因为粒状活性炭要达到吸附平衡耗时太长，往往需数日或数周，为了使实验能在短时间内结束，所以多用粉状炭。

（3）在六个 500 mL 的三角烧瓶中分别投加 0 mg、100 mg、200 mg、300 mg、400 mg、500 mg 粉状活性炭。

（4）在每个三角烧瓶中投加同体积的过滤后污水，使每个烧瓶中 COD 浓度与活性炭浓度的比值在 0～5.0 之间。

（5）测定水温，将三角烧瓶放在振荡器上振荡，当达到吸附平衡（时间延至滤出液的有机物浓度 COD 值不再改变）时即可停止振荡（振荡时间一般为30 min 以上）。

（6）过滤各三角烧瓶中的污水，测定其剩余 COD 值。

实验记录如表 17。

表 17　活性炭间歇吸附实验记录

序号	原污水				出水				污水体积/mL 或 L	活性炭投加量/mg 或 g	COD 去除率/%	备注
	COD/(mg/L)	pH 值	水温/℃	SS/(mg/L)	COD/(mg/L)	pH 值	SS/(mg/L)					

（7）数据整理

① 按表 17 记录的原始数据进行计算，计算吸附量 q。

② 利用 q～c 相应数据和式（7），经回归分析求出 K、n 值或利用作图法，将 c 和相应的 q 值在双对数坐标纸上绘制出吸附等温线，直线斜率为 $\frac{1}{n}$、截距

为 $\lg K$。$\frac{1}{n}$ 值越小活性炭吸附性能越好，一般认为当 $\frac{1}{n}=0.1\sim0.5$ 时，水中欲去除杂质易被吸附；$\frac{1}{n}>2$ 时难以吸附。当 $\frac{1}{n}$ 较小时多采用间歇式活性炭吸附操作；当 $\frac{1}{n}$ 较大时，最好采用连续式活性炭吸附操作。

2. 连续流活性炭吸附实验

（1）将某污水过滤或配制成一定浓度的污水，测定该污水的 COD、pH 值、SS、水温等各项指标并记入表18。

表18　连续流炭柱吸附实验记录

原水 COD 浓度（mg/L）=　　　　　　　允许出水浓度 c_B（mg/L）=

水温 T（℃）=　　　　　　　　　pH =　　　　SS（mg/L）=

进流率[m³/（m²·h）]=　　　　　　滤速 v（m/h）=

炭柱厚 D_1 =　　　　　　D_2 =　　　　D_3 =

工作时间	出水水质		
t/h	柱1	柱2	柱3

（2）在内径为 20～30 mm，高为 1000 mm 的有机玻璃管中装入 500～750 mm 高的经水洗烘干后的活性炭。

（3）以每分钟 40～200 mL 的流量（具体可参考水质条件而定），按升流或降流的方式运行（运行时炭层中不应有空气气泡）。本实验装置为降流式。实验要用三种以上的不同流速 v 进行。

（4）在每一流速运行稳定后，每隔 10～30 min 由各炭柱取样，测定出水的 COD 值，至出水中 COD 浓度达到进水中 COD 浓度的 0.9～0.95 为止。并将结果记于表 18 中。

（5）数据整理

① 根据 $t\sim c$ 关系确定出水溶质浓度等于 c_B 时各柱的工作时间 t_1、t_2、t_3。

② 根据式（9）以时间 t 为纵坐标，以炭层厚 D 为横坐标，点绘 t、D 值，直线截距为 $\dfrac{\ln\left(\dfrac{c_0}{c_B}-1\right)}{Kc_0}$，斜率为 $N_0/(c_0 v)$，如图 15 所示。

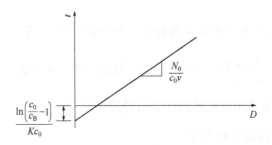

图15　$t \sim D$ 曲线

将已知 c_0、c_B、v 等值代入，求出速率常数 K 和吸附容量 N_0 值。

③ 根据式（10）求出每一流速下炭层临界深度 D_0。

④ 按表19给出各流速下炭吸附设计参数 K、D_0、N_0 值，或绘制成如图16所示的图，以供活性炭吸附设备设计时参考。

表19　活性炭吸附实验结果

流速 v/(m/h)	N_0/(mg/L)	K[L/(mg·h)]	D_0/m

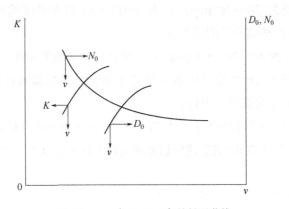

图16　$v \sim$（N_0, D_0, K）的关系曲线

五、思考题

1. 吸附等温线有什么现实意义？作吸附等温线时为什么要用粉状炭？

2. 连续流的升流式和降流式运行方式各有什么缺点？

实验十　加压溶气气浮实验

一、实验目的

1. 掌握气浮净水方法和原理。
2. 了解加压溶气气浮法处理废水的工艺与运行参数。

二、实验原理

在水处理工程中，固液分离是一种很重要且常用的物理方法。气浮法是固液分离的方法之一，它常被用来分离密度小于或接近于水、难以用重力自然沉降法去除的悬浮颗粒。气浮实验是研究相对密度近于 1 或小于 1 的悬浮颗粒与气泡黏附上升，测定工程中所需的某些有关设计参数，选择药剂种类、数量等，以便为设计运行提供一定的理论依据。

气浮净水方法主要用于处理水中相对密度小于或接近于 1 的悬浮杂质，如乳化油、羊毛脂、纤维以及其他各种有机或无机的悬浮絮体等。因此气浮法在自来水厂、城市污水处理厂以及炼油厂、食品加工厂、造纸厂、毛纺厂、印染厂、化工厂等的水处理中都有所应用。

气浮法具有处理效果好、周期短、占地面积小以及处理后的浮渣中固体物质含量较高等优点，但也存在设备多、操作复杂、动力消耗大的缺点。

气浮法就是使空气以微小气泡的形式出现于水中并慢慢自下而上地上升，在上升过程中，气泡与水中污染物质接触，并把污染物质黏附于气泡上（或气泡附于污染物上），从而形成相对密度小于水的气水结合物浮升到水面，使污染物质从水中分离出去。

产生相对密度小于水的气水结合物的主要条件是：

① 水中污染物质具有足够的憎水性；
② 加入水中的空气所形成气泡的平均直径不宜大于 70 μm；
③ 气泡与水中污染物质应有足够的接触时间。

气浮法按水中气泡产生的方法可分为布气气浮、加压溶气气浮和电气浮三种。由于布气气浮一般气泡直径较大，气浮效果较差，而电气浮气泡直径虽不大但耗电较多，因此在目前应用气浮法的工程中，以加压溶气气浮法最多。

加压溶气气浮法就是使空气在一定压力的作用下溶解于水，并达到饱和状态，然后使加压水表面压力突然降到常压，此时溶解于水中的空气便以微小气泡的形式从水中逸出来。这样就产生了供气浮用的合格微小气泡。

加压溶气气浮法根据进入溶气罐的水的来源，又分为无回流系统与有回流系统加压溶气气浮法，目前生产中广泛采用后者。

影响加压溶气气浮的因素很多，如空气在水中溶解量、气泡直径的大小、气浮时间、水质、药剂种类与加药量、表面活性物质种类和数量等。因此，采用气浮法进行水质处理时，需通过实验测定一些有关的设计运行参数。

三、实验材料与装置

1. 自配模拟水样，或取自造纸厂的低浓度废水。

2. 气浮实验装置及工艺流程见图 17。

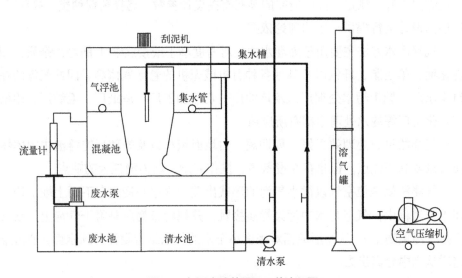

图 17　气浮实验装置及工艺流程图

3. 实验药剂：1% NaOH 溶液，10%混凝剂 $Al_2(SO_4)_3$。

4. 测定水中悬浮物浓度所用仪器：分析天平（1/10000）、烧杯、移液管、称量瓶、滤纸、烘箱。

四、实验步骤与数据记录

1. 熟悉实验工艺流程。

2. 检查气浮实验装置（包括装置自带的配件及仪表、阀门等）是否完好，向清水池中注入清水。

3. 将待处理废水样加入废水池中，同时加入 NaOH 溶液调至 pH = 8～9，并测定原水中悬浮物浓度（c_0）。向废水池中加入混凝剂（$Al_2(SO_4)_3$），投加量可按 50～60 mg/L 计算。

4. 打开空气压缩机向溶气罐内压缩空气至 0.3～0.4 MPa。打开清水泵，向溶气罐内送入压力水，在 0.3～0.4 MPa 压力下，将气体溶入水中形成溶气水，此时，可控制进水流量为 2～4 L/min，进气流量为 0.1～0.2 L/min。

5. 待溶气罐中液位升至溶气罐中上部（约 3/4 液位）时，缓慢打开溶气罐底部减压阀，保持出水量与溶气罐压力水进水量一致。

6. 溶气水在气浮池中释放并形成大量微小气泡时，打开废水进水阀，送入混凝池，废水进水量可按 2～4 L/min 控制。

7. 当大量微小气泡与已经形成絮凝矾花的悬浮物在气浮池中相遇，形成浮渣，由气浮池上部的刮泥机刮入排渣管，由接泥管排入泥槽；（浮渣下面的）处理水可排至下水道，也可部分回流至清水池。

8. 实验数据记录与处理

$$E = \frac{c_0 - c_x}{c_0} \times 100\%$$

式中　E——SS 去除率；

c_0——原始废水 SS 值，mg/L；

c_x——处理后出水 SS 值，mg/L。

五、思考题

1. 气浮法与沉淀法有什么相同或不同之处？分别叙述其原理。
2. 试述溶气罐工作压力对溶气效率的影响。

实验十一 SBR 反应器活性污泥培养与驯化实验

一、实验目的

1. 通过观察完全混合式活性污泥处理系统的运行，加深对该处理系统的特点和运行规律的认识。

2. 通过对模型生化处理系统的调试和控制，初步培养进行小型实验的基本技能。

3. 熟悉和了解活性污泥处理系统中的控制方法，进一步理解污泥负荷、污泥龄、溶解氧（DO）等控制参数及在实际运行中的作用和意义。

4. 观察活性污泥生物相，学会采集工艺设计参数（如反应器中溶解氧、COD等）。

5. 全面了解 SBR 反应器的结构和运行周期，学会测定活性污泥浓度、COD、pH 值、溶解氧，分析单因素对实验结果的影响规律，掌握污泥负荷、容积负荷和去除负荷计算方法。

二、实验原理

活性污泥培养是活性污泥法生物处理过程开始时利用粪便水（或种泥）培养活性污泥的过程。活性污泥是通过一定的方法培养与驯化出来的，培养的目的是使微生物增殖，达到一定的污泥浓度；驯化则是对混合微生物群进行淘汰和诱导，使具有降解废水活性的微生物成为优势。

在活性污泥中，除了活性微生物外，还含有一些无机物和分解中的有机物。微生物和有机物构成活性污泥的挥发性部分（即挥发性活性污泥），它约占全部活性污泥的 70%～80%。活性污泥的含水率一般在 98%～99%。它具有很强的吸附和氧化分解有机物的能力。

活性污泥法是污水处理的主要方法之一。国内对污水处理的现状研究显示，95%以上的城市污水和几乎所有的有机工业废水都采用活性污泥法来处理。SBR（序批式活性污泥法）是一种按间歇曝气方式来运行的活性污泥污水处理技术。因此，了解和掌握活性污泥处理系统的特点和运行规律以及实验方法是很重要的。对于特定的处理系统，在一定的环境条件下，运行的控制因素有污泥负荷、污水停留时间、曝气池中溶解氧浓度、污泥排放量等，这些参数也是设计污水处理厂的重要参考资料。

三、实验材料与装置

1. 菌种和培养液。除了采用纯菌种外，活性污泥菌种大多取自粪便污水、生活污水或性质相近的工业废水处理厂二沉池剩余污泥。培养液一般由上述菌液和一定比例的营养物如淘米水、尿素或磷酸盐等组成。

2. SBR 反应器、COD 测定仪、取样管、pH 计、溶解氧测定仪，SBR 培养驯化池子（容器配有出水与进水计量管道系统）。

四、实验步骤与数据记录

1. 接种菌种

（1）接种菌种是针对具有微生物消化功能的工艺单元，如水解、厌氧、缺氧、好氧等工艺单元，而进行的操作。

（2）依据微生物种类的不同，应分别接种不同的菌种。

（3）接种量的大小：厌氧污泥接种量一般不应少于水量的 8%～10%，否则，将影响启动速度；好氧污泥接种量一般应不少于水量的 5%。按照规范操作，厌氧、好氧单元可在规定范围正常启动。

（4）启动时间：应特别说明，菌种、水温及水质条件，是影响启动周期长短的重要条件。一般来讲，在低于 20 ℃的条件下，接种和启动均有一定的困难，特别是冬季运行时更是如此。因此，建议冬季运行时污泥分两次投加，水解酸化池中活性污泥投加比例为 8%（浓缩污泥），曝气池中活性污泥的投加比例为10%（浓缩污泥，干污泥为 8%），在不同的温度条件下，投加的比例不同。投加后按正常水位条件，连续闷曝（曝气期间不进水）7 天后，检查处理效果，在确定微生物生化条件正常时，方可小水量连续进水 25 天，待生化效果明显或气温明显回升时，再次向两池分别投加 10%活性污泥，生化工段才能正常启动。

（5）菌种来源：厌氧污泥主要来自已有的厌氧工程，如啤酒厌氧发酵工程、农村沼气池、鱼塘、泥塘、护城河清淤污泥；好氧污泥主要来自城市污水处理厂，应取当日脱水的活性污泥作为好氧菌种接种污泥且按以下顺序确定优先级。

① 同类污水厂的剩余污泥或脱水污泥；

② 城市污水厂的剩余污泥或脱水污泥；

③ 其他不同类污水站的剩余污泥或脱水污泥；

④ 河流或湖泊底部污泥；

⑤ 粪便污泥上清液。

2. 培养驯化

培养驯化方法可归纳为异步培驯法、同步培驯法和接种培驯法。异步培驯法即先培养后驯化；同步培驯法则是培养和驯化同时进行或交替进行；接种培驯法系利用其他污水处理厂的剩余污泥，再进行适当培养与驯化。对城市污水一般都采用同步培训法。在培养和驯化期间，应保证良好的微生物生长繁殖条件，如温度（15～35 ℃）、DO（0.5～3 mg/L）、pH 值（6.5～7.5）、营养比等。培养周期取决于水质及培养条件。培养是使微生物的数量增加，达到一定的污泥浓度。驯化是对混合微生物群进行淘汰和诱导，不能适应环境条件和处理废水特性的微生物被淘汰或抑制，使具有分解特定污染物活性的微生物得到发育。活性污泥的培养和驯化在实验前由实验教师完成。

（1）驯化条件

一般来讲，微生物生长条件不能发生骤然的变化，要有一个适应过程，驯化过程应当与原生长条件尽量一致，当条件不具备时，一般用常规生活污水作为培养水源，驯化时温度不低于 20 ℃，驯化采取连续闷曝 3～7 天，并在显微镜下检查微生物生长状况，或者依据长期实践经验，按照不同的工艺方法（活性污泥、生物膜等），观察微生物生长状况，也可用检查进出水 COD 大小来判断生化作用的效果。

（2）驯化方式

① 驯化条件具备后，连续运行已见到去除效果的情况下，采用递增污水进水量的方式，使微生物逐步适应新的生活条件，递增幅度的大小按厌氧、好氧工艺及现场条件有所不同。好氧正常启动可在 10～20 天内完成，递增比例为5%～10%；而厌氧进水递增比例则要小得多，一般应控制挥发性脂肪酸（VFA）浓度不大于 1000 mg/L，且厌氧池中 pH 值应保持在 6.5～7.5 范围内，不要产生太大的波动，在这种情况下水量才可慢慢递增。一般来讲，厌氧从启动到转入正常运行（满负荷量进水）需要 3～6 个月才能完成。

② 厌氧、好氧、水解等生化工艺是个复杂的过程，每个过程都会有自己的特点，需要根据现场条件加以调整。

③ 编制必要的化验和运转的原始记录报表以及初步的运行管理制度。从培菌伊始，逐步建立较规范的组织和管理模式，确保启动与正式运行的有序进行。

3. 注意事项

（1）活性污泥培菌过程中，应经常测定进水的 pH 值、COD、氨氮和曝气池溶解氧、污泥沉降性能等指标。活性污泥初步形成后，就要进行生物相观察，根据观察结果对污泥培养状态进行评估，并动态调控培菌过程。

（2）活性污泥的培菌应尽可能在温度适宜的季节进行。因为温度适宜，微生物生长快，培菌时间短。如只能在冬季培菌，则应该采用接种培菌法，所需的种污泥要比春秋季多。

（3）培菌过程中，特别是污泥初步形成以后，要注意防止污泥过度自身氧化，特别是在夏季。有不少污水处理厂都曾发生过此类情况。这不仅增加了培菌时间和费用，甚至会导致污水处理系统无法按期投入运行。要避免污泥自身氧化，控制曝气量和曝气时间是关键，要经常测定池内的溶解氧含量，及时进水以满足微生物对营养的需求。若进水浓度太低，则要投加大粪等以补充营养，条件不具备时可采用间歇曝气。

（4）活性污泥培菌后期，适当排出一些老化污泥有利于微生物进一步生长繁殖。

（5）如曝气池中污泥已培养成熟，但仍没有废水进入时，应停止曝气使污泥处于休眠状态，或间歇曝气（延长曝气间隔时间、减少曝气量），以尽可能降低污泥自身氧化的速度。有条件时，应投加大粪、无毒性的有机下脚料（如食堂泔脚）等营养物。

4. 培养驯化阶段检测主要影响因素与测定分析

在培养与驯化及运行过程有许多影响水处理效果的因素，主要有进水 COD_{Cr} 浓度、pH 值、温度、溶解氧等，所以对整个系统通过感官判断和化学分析方法进行监测是必不可少的。根据监测分析的结果对影响因素进行调整，使处理达到最佳培养驯化效果。

（1）温度

温度是影响整个工艺处理的主要环境因素，各种微生物都在特定范围的温度生长。生化处理的温度范围在 10~40 ℃，最佳温度在 20~30 ℃。任何微生物只能在一定温度范围内生存，在适宜的温度范围内可大量生长繁殖。在污泥培养时，要将它们置于最适宜温度条件下，使微生物以最快的生长速率生长，过低或过高的温度会使代谢速率缓慢、生长速率也缓慢，过高的温度对微生物有致死作用。

（2）pH 值

微生物的生命活动、物质代谢与 pH 值密切相关。大多数细菌、原生动物的最适 pH 值为 6.5～7.5，在此环境中生长繁殖最好，它们对 pH 值的适应范围在 4～10。而活性污泥法处理废水的曝气系统中，作为活性污泥的主体，菌胶团细菌在 6.5～8.5 的 pH 值条件下可产生较多黏性物质，形成良好的絮状物。

（3）营养物质

废水中的微生物要不断地摄取营养物质，经过分解代谢（异化作用）使复杂的高分子物质或高能化合物降解为简单的低分子物质或低能化合物，并释放出能量；通过合成代谢（同化作用）利用分解代谢所提供的能量和物质，转化成自身的细胞物质；同时将产生的代谢废物排泄到体外。

水、碳源、氮源、无机盐等生长因素也作为微生物生长的条件。废水中应按 $BOD_5 : N : P = 100 : 4 : 1$ 的比例补充氮源、含磷无机盐，为活性污泥的培养创造良好的营养条件。

（4）悬浮物质（SS）

污水中含有大量的悬浮物质，通过预处理悬浮物已大部分去除，但也有部分不能降解，曝气时会形成浮渣层，但不影响系统对污水的处理。

（5）溶解氧（DO）

好氧的生化细菌需要供氧，以保持一定浓度溶解氧。氧对好氧微生物有两个作用：①在呼吸作用中氧作为最终电子受体；②在醇类和不饱和脂肪酸的生物合成中需要氧，且只有溶于水的氧（称溶解氧）微生物才能利用。

在活性污泥的培养中，溶解氧的供给量要根据活性污泥的结构状况、浓度及废水的浓度综合考虑。具体说来，也就是通过观察显微镜下活性污泥的结构即成熟程度，监测曝气池混合液的浓度、曝气池上清液中 COD 的变化来确定。根据经验，在培养初期 DO 控制在 1～2 mg/L，这是因为菌胶团此时尚未形成絮状结构，氧供应过多，使微生物代谢活动增强，营养供应不上而使污泥自身产生氧化，促使污泥老化。在污泥培养成熟期，要将 DO 提高到 3～4 mg/L，这样可使污泥絮体内部微生物也能得到充足的溶解氧，具有良好的沉降性能。在整个培养过程中要根据污泥培养情况逐步提高 DO。

特别注意 DO 不能过低，DO 过低，好氧微生物得不到足够的氧，正常的生长规律将受到影响，新陈代谢能力降低，而同时对 DO 要求较低的微生物将应运而生，这样正常的生化细菌培养过程将被破坏。

（6）混合液悬浮固体浓度（MLSS）

微生物是生物污泥中有活性的部分，也是有机物代谢的主体，在生物处理工艺中起主要作用，而 MLSS 的数值大概能表示活性部分的多少。对高浓度有机污水的生物处理一般均需保持较高的污泥浓度，一般调试运行期间 MLSS 范围在 4.4～5.6 g/L 之间，最佳值为 4.8 g/L 左右。进水中有机物浓度对处理影响很大。

（7）污泥的生物相

活性污泥处于不同的生长阶段，各类微生物也呈现出不同的比例。细菌承担着分解有机物的基本和基础的代谢作用，而原生动物（也包括后生动物）则吞食游离细菌。污水调试运行期间出现的微生物种类繁多，有细菌、绿藻等藻类、原生动物和后生动物，原生动物有太阳虫、盖纤虫等，后生动物出现了线虫。调试运行后期混合液中固着型纤毛虫，如轮虫的大量存在，说明处理系统有良好的出水水质。

（8）污泥沉降比（SV）

量取 100 mL 污泥混合液，静置 30 min 后，沉淀污泥层与所取混合液的体积比就是污泥沉降比（%）（有条件也可以量取 1000 mL 混合液）。一般城市污水处理厂的 SV 在 15%～30%。

（9）污泥体积指数（SVI）

正常运行时污泥体积指数在 80～100 L/mg。

5. 运行 SBR 反应器

（1）整体 SBR 运行周期

整体 SBR 运行周期包括以下 5 个步骤：

① 进水期　采用限量曝气的短时间进水方式（进水时也可不曝气），将原污水或经过预处理后的污水加入 SBR 反应器。

② 反应期　开始曝气，使活性污泥处于悬浮状态，曝气时间 3 h。当反应器内污泥均匀分布时，取一定的水样测定活性污泥浓度。

③ 沉淀期　停止曝气，静置 1 h。

④ 排水排泥期　利用滗水器排水到反应器的约 1/2 处，用排泥管排出适量污泥，用时 0.5 h。

⑤ 闲置期　在静置无进水的条件下，使微生物通过内源呼吸作用恢复其活性，并起到一定的反硝化作用而进行脱氮，为下一个运行周期创造良好的条件。

图 18 所示为 SBR 处理工艺一个运行周期内的操作过程示意图，SBR 的运行工况以间歇操作为主要特征。

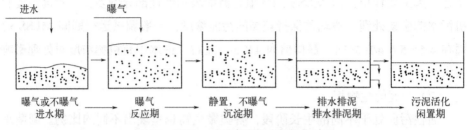

图 18　SBR 一个运行周期内的操作过程

（2）反应时间对 COD 去除的影响和溶解氧变化规律的观察

短时间进水（有实验员提前准备水样）以后开始计时，每隔 0.5 h 测一次水样 COD 和 DO 填入表 20，记录反应时间对 COD 去除的影响规律。

表 20　每隔 0.5 h 记录水样的 COD 和 DO

实验曝气量＿＿＿＿＿＿＿

时间/h	原水	0.5	1	1.5	2	2.5	3	3.5	4	出水
COD/(mg/L)										
DO/(mg/L)										
SV/%										
MLSS/(mg/L)										
生物相										

（3）曝气量对 COD 去除的影响

不同的小组在曝气阶段采用不同的曝气量，几个小组（如 4 个）之间共享数据，以分析曝气量对污水处理效果的影响（分析比较一个周期完成后反应器出水的 COD）。

（4）出水水质指标检测

测定出水的 pH 值：＿＿＿＿＿；COD：＿＿＿＿＿＿＿mg/L；悬浮物质（SS）：＿＿＿＿＿＿mg/L。

（5）观察活性污泥生物相（镜检）

在闲置期取少量剩余污泥制成涂片，在显微镜下观察活性污泥生物相（只用文字描述）。

6. 数据处理

（1）绘制溶解氧浓度与反应时间之间的关系曲线。

（2）绘制反应时间与 COD 去除率或者出水浓度的关系曲线。

（3）绘制曝气量与 COD 去除率或者出水浓度的关系曲线。

（4）计算反应器的污泥负荷和容积负荷。

（5）描述污泥中微生物的镜检结果。

（6）在活性污泥小型实验的操作运行中，必须严格控制以下几个参数：

① 污泥负荷 N_S：

$$N_S = \frac{QL_a}{XV}$$

② 曝气时间 t：

$$t = \frac{V}{Q}$$

③ 污泥龄或生物固体平均停留时间 θ_c：

$$\theta_c = \frac{XV}{Q_w X_w + (Q+Q_w)} X_e \approx \frac{XV}{Q_w X_w}$$

式中　Q——污水流量；

L_a——进水有机物浓度（COD）；

V——曝气池容积；

X——混合液（即活性污泥）浓度；

Q_w——每天排放的污泥量；

X_w——排放的污泥浓度；

X_e——随出水流失的污泥浓度。

五、思考题

1. 简述序批式活性污泥法工作原理及组成。

2. 简述序批式活性污泥法的五个操作过程。

实验十二　污泥比阻的测定实验

一、实验目的

1. 掌握污泥比阻的测定方法。
2. 掌握布氏漏斗的使用方法。
3. 掌握污泥的最佳混凝剂最佳投加量的实验方法。

二、实验原理

污泥比阻是表示污泥过滤特性的综合性指标，它的物理意义是：单位质量的污泥在一定压力下过滤时在单位过滤面积上的阻力。求此值的作用是比较不同的污泥（或同一污泥加入不同量的混凝剂后）的过滤性能。污泥比阻愈大，过滤性能愈差。

过滤时滤液体积 V（mL）与推动力 p（过滤时的压强降，g/cm^2）、过滤面积 F（cm^2）、过滤时间 t（s）成正比；而与过滤阻力 R（$cm \cdot s^2/mL$），滤液黏度 $\mu[g/(cm \cdot s)]$ 成反比。

$$V(mL) = \frac{pFt}{\mu R} \tag{11}$$

过滤阻力包括滤渣阻力 R_z 和过滤隔层阻力 R_g。阻力随滤渣层的厚度增加而增大，过滤速度则减小。因此将式（11）改写成微分形式。

$$\frac{dV}{dt} = \frac{pF}{\mu(R_z + R_g)} \tag{12}$$

由于 R_g 与 R_z 相比较小，为简化计算，姑且忽略不计。

$$\frac{dV}{dt} = \frac{pF}{\mu \alpha' \delta} = \frac{pF}{\mu \alpha' \cdot \dfrac{C'V}{F}} \tag{13}$$

式中　α'——单位体积污泥的比阻；

δ——滤渣厚度；

C'——获得单位体积滤液所得的滤渣体积；

V——滤液体积。

如以滤渣干重代替滤渣体积，单位质量污泥的比阻代替单位体积污泥的比阻，则式（13）可改写为

$$\frac{\mathrm{d}V}{\mathrm{d}t}=\frac{pF^2}{\mu\alpha cV} \tag{14}$$

式中　α——污泥比阻，在 CGS 制中，其量纲为 s^2/g，在工程单位制中其量纲为 cm/g；

c——获得单位体积滤液所得的滤饼质量。

在定压下，在积分界线由 0 到 t 及 0 到 V 内对式（14）积分，可得

$$\frac{t}{V}=\frac{\mu\alpha c}{2pF^2}V \tag{15}$$

式（15）说明在定压下过滤，t/V 与 V 成直线关系，其斜率为

$$b=\frac{t/V}{V}=\frac{\mu\alpha c}{2pF^2}$$

$$\alpha=\frac{2pF^2}{\mu}\times\frac{b}{c}=K\frac{b}{c} \tag{16}$$

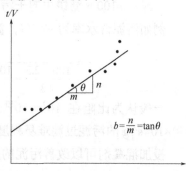

图19　图解法求 b 示意图

需要在实验条件下求出 b 及 c。

① b 的求法。可在定压下（真空度保持不变）通过测定一系列的 t-V 数据，用图解法求斜率（见图 19）。

② c 的求法。根据所设定义

$$c=\frac{(Q_0-Q_\mathrm{y})c_\mathrm{d}}{Q_\mathrm{y}} \tag{17}$$

式中　Q_0——污泥量，mL；

Q_y——滤液量，mL；

c_d——滤饼固体浓度，g/mL。

根据液体平衡

$$Q_0=Q_\mathrm{y}+Q_\mathrm{d} \tag{18}$$

根据固体平衡

$$Q_0c_0=Q_\mathrm{y}c_\mathrm{y}+Q_\mathrm{d}c_\mathrm{d} \tag{19}$$

式中　c_0——污泥固体浓度，g/mL；

c_y——滤液固体浓度，g/mL；

Q_d——污泥固体滤饼量，mL。

可得

$$Q_\mathrm{y}=\frac{Q_0(c_0-c_\mathrm{d})}{c_\mathrm{y}-c_\mathrm{d}}$$

代入式（17），化简后得

$$c = \frac{(c_0 - c_y)c_d}{c_d - c_0}$$ （20）

上述求 c 值的方法，必须测量滤饼的厚度方可求得，但在实验过程中测量滤饼厚度是很困难的且不易量准，故改用测滤饼含水率的方法。求 c 值。

$$c = \frac{1}{\frac{100 - c_i}{c_i} - \frac{100 - c_f}{c_f}}$$ （21）

式中　c_i——100 g 污泥中的干污泥量；

　　　c_f——100 g 滤饼中的干污泥量。

例如污泥含水率为 97.7%，滤饼含水率为 80%。则

$$c = \frac{1}{\frac{100 - 2.3}{2.3} - \frac{100 - 20}{20}} = \frac{1}{38.48} = 0.0260 （g/mL）$$

一般认为比阻在 $10^9 \sim 10^{10}$ s^2/g 的污泥算作难过滤的污泥，比阻在(0.5~0.9)×10^9 s^2/g 的污泥过滤难易程度中等，比阻小于 0.4×10^9 s^2/g 的污泥容易过滤。

投加混凝剂可以改善污泥的脱水性能，使污泥的比阻减小。对于无机混凝剂如 $FeCl_3$、$Al_2(SO_4)_3$ 等，投加量一般为干污泥质量的 1%，高分子混凝剂聚丙烯酰胺、碱式氯化铝投加量一般为污泥干质量的 5%~10%。

三、实验材料与装置

1. $FeCl_3$、$Al_2(SO_4)_3$。

2. 实验装置如图 20。

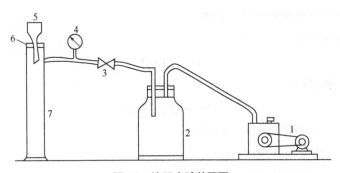

图 20　比阻实验装置图

1—真空泵；2—吸滤瓶；3—真空调节阀；4—真空表；5—布氏漏斗；6—吸滤垫；7—计量管

3. 秒表、滤纸。

4. 烘箱。

四、实验步骤与数据记录

1. 测定污泥的含水率，求出其固体浓度 c_0。

2. 配制 $FeCl_3$（10 g/L）和 $Al_2(SO_4)_3$（10 g/L）混凝剂。

3. 用 $FeCl_3$ 和 $Al_2(SO_4)_3$ 混凝剂调节污泥（每组加一种混凝剂），投加量分别为干污泥质量的 0%（不加混凝剂），2%，4%，6%，8%，10%。

4. 在布氏漏斗上（直径 65～80 mm）放置滤纸，用水润湿，贴紧周底。

5. 开动真空泵，调节真空压力（即真空度），大约比实验压力小 1/3 [实验时真空压力采用 266 mmHg（35.46 kPa）或 532 mmHg（70.93 kPa）]关掉真空泵。

6. 加入 100 mL 需实验的污泥于布氏漏斗中，开启真空泵，调节真空压力至实验压力；达到此压力后，开启秒表，并记下开启时计量管内的滤液体积 V_0。

7. 每隔一定时间（开始过滤时可每隔 10 s 或 15 s，滤速减慢后可隔 30 s 或 60 s）记下计量管内相应的滤液量。

8. 一直过滤至真空破坏，如真空长时间不破坏，则过滤 20 min 后即可停止。

9. 关闭阀门取下滤饼放入称量瓶内称量。

10. 称量后的滤饼于 105 ℃ 的烘箱内烘干称量。

11. 计算出滤饼的含水率，求出单位体积滤液的固体量 c。

12. 量取加入 $Al_2(SO_4)_3$ 混凝剂的污泥及不加混凝剂的污泥，按实验步骤 4～11 分别进行实验。

13. 实验数据记录与处理

（1）测定并记录实验基本参数如下。

实验日期：_____。

原污泥的含水率及固体浓度 c_0：_____。

实验真空度：_____。

不加混凝剂的滤饼的含水率：_____。

加混凝剂滤饼的含水率：_____。

（2）将布氏漏斗实验所得数据按表 21 记录并计算。

（3）以 t/V 为纵坐标，V 为横坐标作图，求 b。

（4）根据原污泥的含水率及滤饼的含水率求出 c。

表21　布氏漏斗实验所得数据

时间/s	计量管滤液量 V'/mL	滤液量 $V=V'-V_0$/mL	$\dfrac{t}{V}$/(s/mL)	备注

（5）列表计算比阻值 α（如表22）。

表22　比阻值计算表

污泥含水率/%	污泥固体浓度/(g/cm³)	混凝剂用量/%	$\dfrac{n}{m}=b$/(s/cm⁶)	$K=\dfrac{2pF^2}{\mu}$						皿+滤纸质量/g	皿+滤纸滤饼湿重/g	皿+滤纸滤饼干重/g	滤饼含水率/%	单位体积滤液的固体量 c/(g/cm³)	比阻值 α/(s²/g)
				布氏漏斗直径 d/cm	过滤面积 F/cm²	面积平方 F^2/cm⁴	滤液黏度 μ/[g/(cm·s)]	真空压力 p/(g/cm²)	K值/(s·cm³)						

（6）以比阻为纵坐标，混凝剂投加量为横坐标，作图求出最佳投加量。

14. 注意事项

（1）检查计量管与布氏漏斗之间是否漏气。

（2）滤纸称量烘干，放入布氏漏斗内，要先用蒸馏水湿润，而后再用真空泵抽吸一下，滤纸要贴紧不能漏气。

（3）污泥倒入布氏漏斗内时，有部分滤液流入计量管，所以正常开始实验后记录计量管内滤液体积。

（4）污泥中加混凝剂后应充分混合。

（5）在整个过滤过程中，真空度确定后始终保持一致。

五、思考题

1. 判断生污泥、消化污泥脱水性能好坏，分析其原因。

2. 测定污泥比阻在工程上有何实际意义？

实验十三　污泥浓缩实验

一、实验目的

1. 加深对成层沉淀和压缩沉淀的理解。
2. 了解运用固体通量设计、计算浓缩池面积的方法。

二、实验原理

浓缩池固体通量（G）定义为单位时间内通过浓缩池任一横断面上单位面积的固体质量 [kg/（$m^2 \cdot d$）]。在二沉池和连续流污泥重力浓缩池里，污泥颗粒的沉降主要由两个因素决定：①污泥自身的重力；②由于污泥回流和排泥产生的底流。因此，浓缩池的固体通量 G 由污泥自重压密固体通量 G_i 和底流引起的向下流固体通量 G_u 组成。即

$$G = G_i + G_u \qquad (22)$$

$$G_u = uc_i \qquad (23)$$

$$G_i = v_i c_i \qquad (24)$$

$$U = Q_u/A \qquad (25)$$

式中　u——向下流速，由于底部排泥产生的界面下降速度，m/h（设计采用经验值 $0.25 \sim 0.51$ m/h）；

　　Q_u——底部排泥量，m^3/h；

　　A——浓缩池断面面积，m^2；

　　c_i——断面 i 处的固体浓度，kg/m^3；

　　v_i——污泥固体浓度为 c_i 时的界面沉速，m/h；

　　U——排泥率，指单位时间单位面积的排泥量。

v_i 可通过同一种污泥的不同固体浓度的静态实验，从沉降时间与界面高度的关系曲线求得 [图21（a）]。对于污泥浓度 c_i，通过该条曲线的起点作切线与横坐标相交，可得沉降时间 t_i，则该污泥浓度 c_i 时浓缩池的界面沉速 $v_i = H_0/t_i$。

浓缩池的设计面积 A 为：

$$A \geqslant Q_0 c_0 / G_L \qquad (26)$$

根据污泥的静态沉降实验数据作出 $G_i - c_i$ 的关系曲线，根据设计的底流排泥浓度 c_u，自横坐标上的 c_u 点作该曲线的切线并与纵轴相交，其截距即为 G_L，如

图 21（b）。

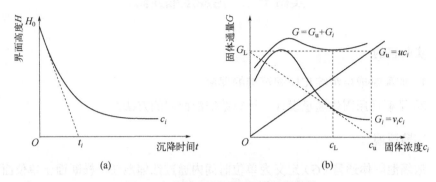

(a)   (b)

图 21　污泥静态浓缩实验固体通量曲线

三、实验材料与装置

1. 从城市污水处理厂取回的剩余回流污泥和二沉池污泥。

2. 实验装置如图 22 所示。

3. 烘箱、分析天平、称量瓶、量筒、烧杯、漏斗。

四、实验步骤与数据记录

1. 从城市污水厂取回剩余污泥和二沉池污泥，测定其 SVI 与 MLSS。

2. 在开展实验时，将剩余污泥用自来水配制成不同 MLSS 的悬浮液，可以分别为 4 kg/m³、5 kg/m³、6 kg/m³、8 kg/m³、10 kg/m³、15 kg/m³（每组完成 1 个污泥浓度实验）。进行不同 MLSS 下的静态沉降实验。

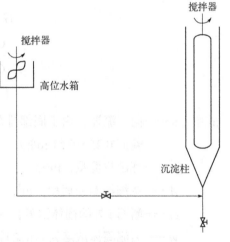

图 22　实验装置示意图

3. 将配好的悬浮液倒入高位水箱，并加以搅拌，保持均匀。

4. 将悬浮液注入沉淀柱至一定高度，启动沉淀柱的搅拌装置，转速约 1 r/min，搅拌 10 min。

5. 观察污泥沉淀现象，当出现泥水分界面后开始读出界面高度，开始时 0.5～1 min 读取一次，以后 1～2 min 读一次，当界面高度随时间变化缓慢时，停止读数。

6. 数据记录与处理

（1）记录起始污泥浓度、起始界面高度以及不同沉淀时间对应的界面高度，整理如表23所示。

表23　污泥的静态沉降实验记录表

沉降时间/min	起始污泥浓度：_____kg/m³	起始污泥浓度：_____kg/m³	起始污泥浓度：_____kg/m³	起始污泥浓度：_____kg/m³
	界面高度/cm			
0				
0.5				
1.0				
1.5				
2				
2.5				
3				
…				

（2）根据上述实验数据，得到不同污泥浓度沉淀时的界面高度与沉降时间的关系曲线。

① 求自重压密固体通量 G_i，并整理如表24所示，画出 G_i-c_i 关系图。

表24　界面沉速 v_i 与自重压密固体通量 G_i

起始污泥浓度 c_i/(kg/m³)	起始界面沉速 v_i/(m/h)	自重压密固体通量 G_i/[kg/(m² · h)]
4.0		
5.0		
6.0		
8.0		
…		

② 根据设计污泥浓缩后需达到的浓度即 c_u，求出 G_L；计算浓缩池的设计断面面积 A。

五、思考题

1. 污泥的注入速度不宜过快或过慢，为什么？

2. 污泥浓缩池中污泥发生的沉淀类型有哪些？

实验十四　废水综合处理设计实验

一、实验目的

1. 认识多种混凝剂，并掌握其配制与添加方法。
2. 加深对物理（化学）处理如混凝的理解。
3. 加深对生物降解的理解与运用。
4. 掌握污水处理设计的基础技能与实际运用。

二、实验原理

污水处理技术按其作用原理，可分为物理法、化学法和生物法三类。

物理法：就是利用物理作用，分离污水中主要呈悬浮状态的污染物质，在处理过程中不改变其化学性质。如沉淀（或混凝沉淀），利用水中悬浮物和水相对密度不同的原理，借重力沉淀作用，使其从水中分离出来。

化学法：即利用化学作用来分离、回收污水中的污染物，或将其转化为无害物质。像中和法，向酸性废水中投加石灰、NaOH 等使废水呈中性。氧化还原法，废水中呈溶解状的有机物或无机物在投加氧化剂或还原剂后，由于电子的迁移而发生氧化或还原作用，使其转变为无害物质，如氧化法处理含酚、氰废水，还原法处理含铬、汞废水。

生物法：即利用微生物新陈代谢功能，使污水中呈溶解和胶体态的有机物被降解，转化为无害物质使污水得以净化。如厌氧生物法、好氧活性污泥法，靠生活在污泥上的微生物以有机物为食料，获得能量并不断生长增殖，有机物被去除，污水得以净化。

三、实验材料与装置

1. 某一特种污水：选择造纸废水、电镀废水、制革废水、制药废水、洗米废水中的一种实际废水。
2. 自选 $Al_2(SO_4)_3$、硫酸铁、氯化铝、酰胺类混凝剂，pH 调节剂。
3. 沉淀桶、曝气设备。
4. 测定 SS、pH 值、COD、DO、浊度等仪器，1000 mL 量筒、1000 mL 烧杯、100 mL 烧杯、10 mL 移液管、2 mL 移液管。

四、实验步骤与数据记录

1. 实验准备

（1）开展处理单元设计，即去除污染物的实验操作与工艺设计。设计实验方案，包括主要污染物分析、实验降解污染物步骤、去除效果预测（即各步骤去除率预测）、达标分析、尾水排放情况预测。

（2）准备污染物去除或降解的实验设施、测试分析仪器与设施、辅助设施、微型配套设施等，以及各种设施的调试、运行等设备。

（3）准备数据记录仪器、记录工具、记录表格等。

2. 取水样。

3. 认真了解各实验设施、测试分析仪器的使用方法与操作说明。

4. 取 200 mL 水样按照实验方案进行第一步物理处理小试实验，以去除悬浮物、调节 pH 值。

5. 筛选最佳混凝效果的药剂与添加条件，推算大水量的药剂用量，测定 SS、pH 值等指标。

6. 取一定量的污水样放入实验微生物培养驯化仪器设备，用生活污水进行微生物培养与驯化，培养完成后进行后续生物降解实验操作，进一步降解溶解性有机污染物，测试 COD、DO 等指标，同步记录降解过程各运行参数。

7. 根据污染物去除情况确定是否需要进一步选择其他物理化学方法进行污染深度处理实验。同步测定主要污染指标。

8. 上述每步操作均详细记录，基本原始数据记录如表25～表27。

9. 数据处理

（1）制作混凝实验曲线。

（2）分析环境因素对去除率的影响。

表25　加药混凝沉淀实验中各个指标的测定数据记录

实验编号	混凝剂名称		原水浊度 （第一次）： （第二次）：		原水温度		原水 pH 值 （第一次）： （第二次）：	
第一次	水样	编号	1	2	3	4	5	6
	投药量	mL						
		mg/L						
	剩余浊度							
	沉淀后 pH 值							

实验编号	混凝剂名称		原水浊度		原水温度		原水 pH 值	
			（第一次）： （第二次）：				（第一次）： （第二次）：	
第二次	水样	编号	1	2	3	4	5	6
	投药量	mL						
		mg/L						
	剩余浊度							
	沉淀后 pH 值							

表 26　实验过程的观察记录

实验编号	观察记录		小结
	水样编号	矾花形成及沉淀过程描述	
第一次	1		
	2		
	3		
	4		
	5		
	6		
第二次	1		
	2		
	3		
	4		
	5		
	6		

表 27　各单元处理效果分析（以 COD 为例）

序号	处理单元	进水 COD/(mg/L)	出水 COD/(mg/L)	去除率/%
1	进水			
2	机械过滤			
3	初沉（混凝沉淀）			
4	调节			
5	好氧生物（接触氧化）			
6	二沉池			
	总设施			

（3）制作 COD 去除率曲线。

10. 结果讨论与分析

由小组长主持各组进行讨论与交流，并总结经验，最终完成小组实验报告。内容包括：实验计划、实验日志、观测记录、实验全过程分析与总结、事故分析、失败原因、计划执行情况评估、实验收获、技能提高、小组每个成员的互相评估、对实验环节的评价与建议等。

五、思考题

1. 根据混凝效果确定混凝剂的最佳投药量和最佳适用范围。

2. 前处理采用的物理处理中混凝剂是如何选择的?

3. 污水处理效果的主要影响因素有哪些?

4. 如何针对实验结果进行实验条件的改进?

附录

第一部分　几种常用分析方法与实验仪器的说明

附录1　水中悬浮物测定方法（重量法）

本操作步骤参考中华人民共和国国家标准《水质　悬浮物的测定　重量法》（GB 11901—89）和国家环境保护总局（现生态环境部）与《水和废水监测分析方法》编委会合编的《水和废水监测分析方法》（第四版）（中国环境科学出版社，2002年12月）中"悬浮物的测定"内容修改编写而成。

一、适用范围

适用于矿区范围内的矿井水、生活废水、各类总排水。

二、定义

水质中的悬浮物是指水样通过孔径为 0.45 μm 的滤膜，截留在滤膜上并于103～105 ℃烘干至恒重的固体物质。

三、试剂

蒸馏水或同等纯度的水。

四、仪器

1. 玻璃砂芯过滤装置，规格：1000 mL。

2. CN-CA 微孔滤膜，孔径0.45 μm，直径50 mm。

3. 真空泵，抽气速率：7.2 m³/h；极限真空度：5 Pa。或其他类型的抽气泵：流量控制在 80～90 L/min。

4. 称量瓶：30 mm × 60 mm。

5. 烘箱：可控制恒温在 103～105 ℃。

6. 干燥器。

7. 扁嘴无齿镊子。

8. 白瓷盘。

9. 白纱线手套。

10. 冰箱。

五、采样及样品贮存

1. 采样：所用聚乙烯或硬质玻璃容器要先用洗涤剂清洗，再依次用自来水和蒸馏水冲洗干净。在采样之前，再用即将采集的水样冲洗 3 次，然后，采集具有代表性的水样 300～500 mL。盖严瓶塞。

2. 样品贮存：采集的水样应尽快分析测定。如需放置，应贮存在 4 ℃ 冰箱中，但最长不得超过 7 天。

六、实验步骤

（一）滤膜准备（前处理）

1. 滤膜在使用前应经过蒸馏水浸泡 24 h，并更换 1～2 次蒸馏水。

2. 将滤膜正确地放在过滤器的滤膜托盘上，加盖配套漏斗，并用夹子固定好。

3. 以约 100 mL 蒸馏水抽滤至近干状态（以 50～60 s 为宜）。

4. 卸下固定夹子和漏斗，再用扁嘴无齿镊子小心夹取滤膜置于编了号的称量瓶内，盖好瓶盖（可露出小缝隙）。

5. 将称量瓶连同滤膜一并移入 103～105 ℃ 的烘箱中烘干 60 min 后取出，置于干燥器内冷却至室温，称其质量；再移入烘箱中烘干 30 min 后取出，反复烘干、冷却、称量，直至两次称量的质量差值≤0.2 mg 为止。

（二）样品测定

1. 用蒸馏水冲洗经自来水洗涤后的抽滤装置。

2. 用扁嘴无齿镊子小心从恒重的称量瓶内夹取滤膜正确放于滤膜托盘上，再用蒸馏水简单湿润滤膜后，加盖配套漏斗，并用夹子固定好。

3. 量取充分混合均匀的试样 100 mL 于漏斗内，启动真空泵进行抽吸过滤。

当水分全部通过滤膜后，再用每次约 10 mL 蒸馏水冲洗量器 3 次，倾入漏斗过滤。然后，再以每次约 10 mL 蒸馏水连续洗涤漏斗内壁 3 次，继续抽滤至近干状态。

4. 停止抽滤后，小心卸下固定夹子和漏斗，用扁嘴无齿镊子仔细取出载有悬浮物的滤膜放在原恒重的称量瓶内，盖好瓶盖（可露出小缝隙）。

5. 将称量瓶连同滤膜样品摆放在白瓷盘中，移入 103～105 ℃ 的烘箱中烘干 60 min 后取出，置于干燥器内冷却至室温，称其质量；再移入烘箱中烘干 60 min 后取出，反复烘干、冷却、称量，直至两次称量的质量差值≤0.4 mg 为止。

七、计算

悬浮物含量 c（mg/L）按下式计算：

$$c = \frac{(A-B)\times 10^6}{V}$$

式中　c——水中悬浮物浓度，mg/L；

A——悬浮物+滤膜+称量瓶质量，g；

B——滤膜与称量瓶质量，g；

V——试样体积，mL。

八、注意事项

1. 漂浮于水面或浸没于水体底部的不均匀固体物质不属于悬浮物质，应在样品采集时加以避免。实验室测定阶段，处理样品时应以清洁水样为先。在定量取样时，应选择合适的量器，水样均匀混合后应尽快量出。快速倾入漏斗过滤后，每次用约 10 mL 蒸馏水冲洗量器 3 次，倾入漏斗过滤时，应将量器底部的较大颗粒物质去除。

2. 贮存水样时不能加任何保护试剂，以防止破坏物质在固相、液相间的分配平衡。

3. 滤膜上截留过多的悬浮物，除了造成过滤困难，还会延长过滤、干燥时间。遇此情况，可酌情少取试样，浑浊水样采集 20～100 mL，比较清洁水样采集 100～200 mL 为宜，特别清洁的水样可增大试样体积至 200～300 mL，否则会增大称量误差，影响测定精度。

4. 滤膜前处理阶段，以约 100 mL 蒸馏水抽滤至近干状态（以 50～60 s 为宜）。实际操作中，在同一批样品测定中最好固定一个蒸馏水用量和抽滤时间，以减少因蒸馏水量和抽滤时间的不同而带来的误差。

特别建议，无论采用何种滤膜，都必须对其进行前处理或进行相关试验。

5. 滤膜（处理后）和样品抽滤后，移入称量瓶加盖时，应保留适当缝隙，不要盖严，以保证滤膜和样品中水分、湿气能够充分逸出。

6. 经过 103～105 ℃ 的烘箱中烘干的滤膜或样品在置于干燥器内冷却阶段，应在天平室进行。应避免空调器出风给称量带来的影响。天平室的温度会影响冷却的时间，一般 5～20 ℃ 时，可冷却 45 min；21～26 ℃ 时，可冷却 60 min；27～32 ℃ 时，可冷却 150 min 以上。滤膜上载附的悬浮物较多时，应延长冷却时间。

另外，干燥器内的称量瓶不宜过多，避免碰撞；所有的称量过程应按照号码顺序依次进行。对清洁水样的滤膜与浑浊水样的滤膜分开冷却。称量瓶在使用前应仔细检查盖子本身的密闭性，淘汰进水的盖子。

7. 实验室的洁净度必须符合要求，防止空气中粉尘、颗粒物等因素造成样品抽滤中增加质量。

8. 分析操作人员在整个操作过程中，必须仔细、认真、勤洗手，避免因个人的原因造成称重上的误差。

附录2 臭氧浓度的测定

一、原理

臭氧浓度的测定一般采用碘量法。根据臭氧与碘化钾的氧化还原反应，所生成的与臭氧等当量的碘，用硫代硫酸钠标液滴定，以淀粉为指示剂。其反应为：

$$O_3 + 2KI + H_2O \longrightarrow 2KOH + O_2 + I_2$$

$$I_2 + 2Na_2S_2O_3 \longrightarrow 2NaI + Na_2S_4O_6$$

二、试剂

1. 20%碘化钾溶液：称取 200 g 碘化钾溶于 800 mL 蒸馏水中。

2. （1+5）硫酸溶液。

3. 0.0125 mol/L 硫代硫酸钠标液。

4. 1%淀粉指示剂。

三、实验步骤

1. 向气体吸收瓶中加入 20%碘化钾溶液 20 mL，然后加蒸馏水 250 mL，摇匀。

2. 臭氧发生器稳定后，从气体出口处取样 2 L，以湿式气体流量计计量。

3. 取样后向气体吸收瓶中加入 5 mL 硫酸，摇匀，静置 5 min。

4. 用 0.0125 mol/L 硫代硫酸钠标液滴定至淡黄色，加淀粉指示剂 5 滴，溶液呈蓝褐色继续用硫代硫酸钠滴定至蓝色刚好消失，记录用量。

5. 结果计算：

$$c(O_3) = A \times B \times 24000/V$$

式中　$c(O_3)$——臭氧浓度，mg/L；

　　　A——硫代硫酸钠标液用量，mL；

　　　B——硫代硫酸钠标液浓度，mol/L；

　　　V——臭氧化气体取样体积，mL。

附录 3 化学需氧量的测定（重铬酸钾法）

化学需氧量是指在一定条件下，用强氧化剂处理水样时所消耗的氧化剂的量。它反映了水体受还原性物质污染的程度。

化学需氧量是一个条件性指标，与加入的氧化剂的种类及浓度、反应溶液的酸度、反应温度和时间、催化剂的有无有关。因此，必须严格按照操作步骤进行。

在强酸性溶液中，重铬酸钾具有很强的氧化性，能氧化大部分有机物，加入硫酸银时，直链脂肪族化合物可完全被氧化，芳香族化合物不易被氧化，吡啶不能氧化，挥发性直链脂肪族化合物、苯等有机物因存在于蒸气相，氧化不明显。氯离子可被氧化，并能与硫酸银作用产生沉淀，影响测定结果，故在回流前向水样中加入硫酸汞，形成络合物以消除干扰。

用 0.25 mol/L 的重铬酸钾溶液可测定大于 50 mg/L 的 COD 值，用 0.025 mol/L 的重铬酸钾溶液可测定 5～50 mg/L 的 COD 值，但准确度较差。

一、实验仪器

1. 回流装置，带 250 mL 锥形瓶的全玻璃装置。

2. 加热装置，单联或多联变阻电炉。

3. 50 mL 酸式滴定管。

二、试剂

1. 重铬酸钾标准溶液 $[c\,(1/6K_2Cr_2O_7) = 0.2500\,mol/L]$：称取预先在 120 ℃烘干 2 h 的基准或优级纯重铬酸钾 12.258 g，溶于水中，移入 1000 mL 容量瓶，稀释至标线，摇匀。

2. 试亚铁灵指示液：称取 1.48 g 邻菲啰啉、0.695 g 硫酸亚铁（$FeSO_4 \cdot 7H_2O$）溶于水中，稀释至 100 mL，贮于棕色瓶内。

3. 硫酸亚铁铵标准溶液 0.1 mol/L：称取 39.5 g 硫酸亚铁铵溶于水中，边搅边缓慢加入 20 mL 浓硫酸，冷却后移入 1000 mL 容量瓶中，稀释至标线，摇匀。临用前用重铬酸钾标准溶液标定。

标定方法：准确吸取 10.00 mL 重铬酸钾标准溶液于 500 mL 锥形瓶中，加水稀释至 110 mL 左右，缓慢加入 30 mL 浓硫酸，混匀。冷却后，加入 3 滴试亚铁灵指示液（约 0.15 mL），用硫酸亚铁铵溶液滴定，溶液的颜色由黄色经由蓝绿色至红褐色即为终点。

$$c = \frac{0.2500 \times 10.00}{V}$$

式中　c——硫酸亚铁铵标准溶液的浓度，mol/L；

　　　V——硫酸亚铁铵标准溶液的用量，mL。

4. 硫酸-硫酸银溶液：于 2500 mL 浓硫酸中加入 25 g 硫酸银。放置 1～2 天，不时摇动使其溶解。

5. 硫酸汞：结晶或粉末。

三、实验步骤

1. 取 20.00 mL 混合均匀的水样（或适量水样稀释至 20.00 mL，如果水样中氯离子偏高，需要适当添加少量硫酸汞，以去除氯离子对 COD 的影响）置 250 mL 磨口的回流锥形瓶中，准确加入 10.00 mL 重铬酸钾标准溶液及数粒小玻璃珠或沸石，连接磨口回流冷凝管，从冷凝管上口慢慢加入 30 mL 硫酸-硫酸银溶液，轻轻摇动锥形瓶使溶液混匀，加热回流 2 h（自开始沸腾计时）。

2. 冷却后用 90 mL 水冲洗冷凝管壁，取下锥形瓶。溶液总体积不得少于 140 mL，否则因酸度太大，滴定终点不明显。

3. 冷却后，加入 3 滴试亚铁灵指示液，用硫酸亚铁铵标准溶液滴定，溶液的颜色由黄色经由蓝绿色至红褐色即为终点，记录硫酸亚铁铵标准溶液的用量。

4. 在测定水样的同时，以 20.00 mL 重蒸馏水，按同样操作步骤做空白试验。记录滴定空白时硫酸亚铁铵标准溶液的用量。

四、计算

$$\text{COD}（O_2，\text{mg/L}）= \frac{(V_0 - V_1)c \times 8 \times 1000}{V}$$

式中　c——硫酸亚铁铵标准溶液的浓度，mg/L；

　　　V_0——滴定空白时硫酸亚铁铵标准溶液的用量，mL；

　　　V_1——滴定水样时硫酸亚铁铵标准溶液的用量，mL；

　　　V——取用水样的体积，mL；

　　　8——$\frac{1}{2}$ 氧（$\frac{1}{2}$O）的摩尔质量，g/mol。

五、注意事项

1. 0.4g 硫酸汞络合氯离子的最高量可达 40 mg。应保持硫酸汞∶氯离子=10∶1（质量比）。若出现少量硫酸汞沉淀，并不影响测定。应先加硫酸汞，再加水样。

2. 水样取用体积可在 10.00～50.00 mL 范围之内，但试剂用量及浓度需按附表 1 进行相应调整。

附表 1 不同水样体积对应的试剂用量及浓度

水样体积/mL	0.2500 mol/L 重铬酸钾溶液/mL	硫酸-硫酸银溶液/mL	硫酸汞/g	硫酸亚铁铵标准溶液/(mol/L)	滴定前总体积/mL
10.0	5.0	15	0.2	0.050	70
20.0	10.0	30	0.4	0.100	140
30.0	15.0	45	0.6	0.150	210
40.0	20.0	60	0.8	0.200	280
50.0	25.0	75	1.0	0.250	350

3. 对于化学需氧量小于 50 mg/L 的水样，应该用 0.025 mol/L 重铬酸钾标准溶液，回滴 0.01 mol/L 硫酸亚铁铵标准溶液。

4. 水样加热回流后，溶液中重铬酸钾剩余量以加入量的 1/4～1/5 为宜。

5. COD 的测定结果应保留三位有效数字。

6. 水样加热回流一段时间后，溶液变绿，说明水样的化学需氧量太高，应将水样稀释后重做。

附录 4　采用 pHS-3 型酸度计测定 pH 值

一、pH 值测定仪器

pHS-3 型酸度计、pH 玻璃电极、甘汞电极、磁力搅拌器等。

二、标准缓冲溶液的配制

1. 邻苯二甲酸氢钾标准缓冲溶液（25 ℃ 时，pH = 4.008）。称取 5.06 g 邻苯二甲酸氢钾（GR，在 115 ℃ ± 5 ℃ 烘干 2～3 h，于干燥器中冷却），溶于蒸馏水，移入 500 mL 容量瓶中，稀释至标线，混匀。保存于聚乙烯瓶中。

2. 磷酸盐标准缓冲溶液（25 ℃ 时，pH = 6.685）。迅速称取 3.388 g 磷酸二氢钾和 3.533 g 磷酸氢二钾（GR，在 115 ℃ ± 5 ℃ 烘干 2～3 h，于干燥器中冷却），溶于蒸馏水，移入 1000 mL 容量瓶中稀释至标线，混匀。保存于聚乙烯瓶中。

3. 硼砂标准缓冲溶液（25 ℃ 时，pH = 9.180）。称取 1.90 g 硼砂（GR，$Na_2B_4O_7 \cdot 10H_2O$，在盛有蔗糖饱和溶液的干燥器中平衡两昼夜），溶于刚煮沸冷却的蒸馏水，移入 500 mL 容量瓶中，稀释至标线，混匀。保存于聚乙烯瓶中。

三、实验步骤

1. 用标准缓冲溶液对酸度计（仪器面板示意见附图 1）进行定位，并将酸度计上的选择按钮调至 pH 值挡。

2. 将被测溶液放在搅拌器上，放入搅拌子，将电极插入被测溶液，启动搅拌器。

3. 待数据稳定后，记录指示值。

4. 取下被测溶液清洗电极。

四、注意事项

1. 玻璃电极在使用前需预先用蒸馏水浸泡 24 h 以上，注意小心摇动电极，以驱赶玻璃泡中的气泡。

2. 甘汞电极在使用前需要摘掉电极末端及侧口上的橡胶帽，同玻璃电极一样，电极管中不能留有气泡，并注意添加饱和 KCl 溶液。

3. pH 测量仪，尤其是电极插口处，要注意防潮，以免降低仪器的输入阻抗，影响测量准确性。

4. 测量结束，及时将电极保护套套上，电极套内应放少量外参比补充液，以保护电极球泡的湿润，切忌浸泡在蒸馏水中。

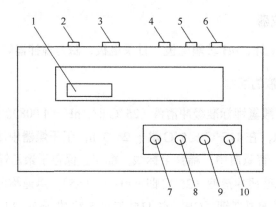

附图1　pHS-3型酸度计仪器面板示意图

1—数字显示屏；2—电源插座；3—电源开关；4—信号输出接口；

5—参比电极；6—复合电极接口；7—pH/mV 选择开关；8—定位调节口；

9—斜率调节器，校正 pH = 4（或 pH = 9）；10—温度补偿器

附录 5　溶解氧的测定

【方法 1】溶解氧的测定方法——碘量法

一、实验原理

水样中加入 $MnSO_4$ 和碱性 KI 生成 $Mn(OH)_2$ 沉淀，$Mn(OH)_2$ 极不稳定，与水中溶解氧反应生成碱性氧化锰 $MnO(OH)_2$ 棕色沉淀，将溶解氧固定（DO 将 Mn^{2+} 氧化为 Mn^{4+}）。

$$MnSO_4 + 2NaOH == Mn(OH)_2\downarrow + Na_2SO_4$$
$$2Mn(OH)_2 + O_2 == 2MnO(OH)_2\downarrow（棕）$$

再加入浓 H_2SO_4，使沉淀溶解，同时 Mn^{4+} 被溶液中 KI 的 I^- 还原为 Mn^{2+} 而析出 I_2，即

$$MnO(OH)_2 + 2H_2SO_4 + 2KI == MnSO_4 + I_2 + K_2SO_4 + 3H_2O$$

最后用 $Na_2S_2O_3$ 标液滴定 I_2，以确定 DO。

$$2Na_2S_2O_3 + I_2 == Na_2S_4O_6 + 2NaI$$

二、实验试剂

1. $MnSO_4$ 溶液：称 480 g $MnSO_4 \cdot 4H_2O$ 或 360 g $MnSO_4 \cdot H_2O$ 溶于水，用水稀释至 1000 mL。此溶液加入酸化过的 KI 溶液中，遇淀粉不变蓝。

2. 碱性 KI 溶液：称 500g NaOH 溶于 300～400 mL 水中，另称取 150 g KI（或 135 g NaI）溶于 200 mL 水中，待 NaOH 冷却后，将两溶液合并、混匀并用水稀释至 1000 mL。如有沉淀，放置过夜，倾出上清液，贮于棕色瓶中，用橡皮塞塞紧，避光保存。此溶液酸化后，遇淀粉不变蓝。

3. 1%（质量浓度）淀粉溶液：称取 1 g 可溶性淀粉，用少量水调成糊状，用刚煮沸的水冲稀至 1000 mL。

4. 0.02500 mol/L $\frac{1}{6}K_2Cr_2O_7$：称取于 105～110 ℃ 烘干 2 h 并冷却的 $K_2Cr_2O_7$ 1.2259 g 溶于水，移入 1000 mL 容量瓶，稀释至刻度。

5. (1+5) H_2SO_4 溶液：100 mL 浓硫酸缓慢沿玻璃棒倒入 500 mL 蒸馏水中，边倒边搅拌。

6. 0.0125mol/L Na$_2$S$_2$O$_3$ 溶液：称取 3.1g Na$_2$S$_2$O$_3$·5H$_2$O 溶于煮沸放冷的水中，加入 0.1 g Na$_2$CO$_3$ 用水稀至 1000 mL，贮于棕色瓶中。使用前用 0.02500 mol/L 1/6 K$_2$Cr$_2$O$_7$ 标定，于 250 mL 碘量瓶中，加入 100 mL 水和 1 g KI，加入 10.00 mL 0.02500 mol/L 1/6 K$_2$Cr$_2$O$_7$ 标液，8 mL (1+5) H$_2$SO$_4$ 溶液密塞，摇匀，于暗处静置 5 min，用待标定的 Na$_2$S$_2$O$_3$ 溶液滴定至溶液呈淡黄色，加入 1 mL 淀粉，继续滴定至蓝色刚好褪去。

$$Na_2S_2O_3 \text{浓度} = \frac{10.00 \times 0.02500}{\text{消耗} Na_2S_2O_3 \text{体积}}$$

三、实验步骤

1. 用移液管插入瓶内液面以下，加入 1 mL MnSO$_4$ 和 2 mL 碱性 KI 溶液，有沉淀生成。

2. 颠倒摇动溶解氧瓶，使沉淀完全混合，静置等沉淀降至瓶底。

3. 加入 2 mL 浓 H$_2$SO$_4$ 盖紧，颠倒摇动均匀，待沉淀全部溶解后（不溶则多加浓 H$_2$SO$_4$）至暗处 5 min。

4. 用移液管取 100.0 mL 静置后的水样于 250 mL 碘量瓶中，用 0.0125 mol/L Na$_2$S$_2$O$_3$，滴定至微黄色，再加入 1 mL 淀粉溶液，继续滴定至蓝色刚好褪去为止，记下 Na$_2$S$_2$O$_3$ 的耗用量 V（mL）。

5. 计算：

$$\text{溶解氧}（O_2, \text{mg/L}） = \frac{cV \times 8 \times 1000}{100}$$

式中　c——硫代硫酸钠溶液的浓度，mol/L；

　　　V——滴定时消耗硫代硫酸钠溶液的体积，mL。

【方法 2】溶解氧的测定方法——电极法，便携式溶氧仪

一、方法原理

氧敏感薄膜由两个与支持电解质相接触的金属电极及选择性薄膜组成。薄膜只能透过氧和其他气体，水和可溶解物质不能透过。透过膜的氧气在电极上还原，产生微弱的扩散电流，在一定温度下其大小与水样溶解氧含量成正比。

二、方法的适用范围

电极法的测定下限取决于所用的仪器，一般适用于溶解氧大于 0.1 mg/L 的水样。水样有色、含有可和碘反应的有机物时，不宜用碘量法及其修正法测定，可用电极法。但水样中含有氯、二氧化硫、碘、溴的气体或蒸气，可能会干扰测定，需要经常更换薄膜或校准电极。

三、仪器

1. DO 溶解氧测定仪：仪器分为原电池式和极谱式（外加电压）两种。

2. 温度计：精确至 0.5 ℃。

四、试剂

1. 亚硫酸钠。

2. 二价钴盐（$CoCl_2 \cdot 6H_2O$）。

五、步骤

1. 测试前的准备

（1）按仪器说明书装配探头，并加入所需的电解质。使用过的探头，要检查探头膜内是否有气泡或铁锈状物质。必要时，需取下薄膜重新装配。

（2）零点校正：将探头浸入每升含 1 g 亚硫酸钠和 1 mg 钴盐的水中，进行校零。

（3）校准：按仪器说明书要求校准，或取 500 mL 蒸馏水，其中一部分虹吸入溶解氧瓶中，用碘量法测其溶解氧含量。将探头放入该蒸馏水中（防止曝气充氧），调节仪器到碘量法测定数值上。当仪器无法校准时，应更换电解质和敏感膜。

在使用中采用空气校准或适宜水温校准，具体对照使用说明书。

2. 水样的测定

按仪器说明书进行，并注意温度补偿。

精密度与准确度：经 6 个实验室分析人员在同一实验室用不同型号的溶解氧测定仪，测定溶解氧含量为 4.8～8.3 mg/L 的 5 种地面水，每个样品测定值相对标准偏差不超过 4.7%；绝对误差（相对于碘量法）小于 0.55 mg/L。

六、注意事项

1. 原电池式仪器接触氧气可自发进行反应，因此在不测定时，电极探头要保存在无氧水中并使其短路，以免消耗电极材料，影响测定。对于极谱式仪器的探头，不使用时，应放潮湿环境中，以防电解质溶液蒸发。

2. 不能用手接触探头薄膜表面。

3. 更换电解质和膜后，或膜干燥时，要使膜湿润，待读数稳定后再进行校准。

4. 如水样中含有藻类、硫化物、碳酸盐等物质，长期与膜接触可能使膜堵塞或损坏。

附录6 UV7504分光光度计使用说明

一、原理

紫外-可见分光光度法是基于物质分子对200~780 nm区域光的选择性吸收而建立起来的分析方法。

二、步骤

1. 打开电源开关。

光源：提供符合要求的入射光。

要求：在整个紫外光谱区或可见光谱区可以发射连续光谱，具有足够的辐射强度、较好的稳定性、较长的使用寿命。

2. 检验吸收池的成套性。

吸收池又叫比色皿，是用于盛放待测溶液和决定透光液层厚度的器件，主要有石英吸收池和玻璃吸收池两种。在紫外光谱区须采用石英吸收池，可见光谱区一般用玻璃吸收池。主要规格有 0.5 cm、1.0 cm、2.0 cm、3.0 cm 和 5.0 cm。

3. 选择工作波长：按设定键，以及增加、减小按钮，进行设定。

4. 选择测量方式：按方式键选择透射比模式与吸光度模式。

5. 润洗比色皿，依次装入参比溶液和测量溶液。

注意事项：手执两侧的毛面，盛放液体高度为比色皿的四分之三处。

6. 参比溶液于光路中，透射比模式下同时调 0% 和 100%，在吸光度模式下，测定测量溶液的吸光度。

波长准确度的检查：根据要求用白纸片遮住光路，改变波长从 750 nm 到 400 nm，观察白纸片中颜色的变化。

三、故障分析及处理（见附表2）

附表2 分光光度计可能出现的故障现象及其可能原因、排除方法

故障现象	可能原因	排除方法
1. 开启电源开关，仪器无反应	（1）电源未接通 （2）电源保险丝断 （3）仪器电源开关接触不良	（1）检查供电电源和接连线 （2）更换保险丝 （3）更换仪器电源开关
2. 光源灯不工作	（1）光源灯坏 （2）光源供电器坏	（1）更换新灯 （2）检查电路，看是否有电压输出，请求维修人员维修或更换电路板

故障现象	可能原因	排除方法
3. 光源亮度不可调	电路故障	请求维修或更换有关电路元件
4. 显示不稳定	（1）仪器预热时间不够 （2）电噪声太大（暗盒受潮或电器故障） （3）环境振动过大，光源附近气流过大或外界强光照射 （4）电源电压不良 （5）仪器接地不良	（1）延长预热时间 （2）检查干燥剂是否受潮，若受潮更换干燥剂，若还不能解决，要查线路 （3）改善工作环境 （4）检查电源电压 （5）改善接地状态
5. T 调不到 0%	（1）光门漏光 （2）放大器坏 （3）暗盒受潮	（1）修理光门 （2）修理放大器 （3）更换暗盒内干燥剂
6. T 调不到 100%	（1）钨灯不亮 （2）样品室有挡光现象 （3）光路不准 （4）放大器坏	（1）检查灯电源电路（修理） （2）检查样品室 （3）调整光路 （4）修理放大器
7. 测试数据重复性差	（1）池或池架晃动 （2）吸收池溶液中有气泡 （3）仪器噪声太大 （4）样品光化学反应	（1）卡紧池架或池 （2）重换溶液 （3）检查电路 （4）加快测试速度

附录 7 多参数 COD 快速分析仪 ET99722 的操作方法

一、操作步骤

1. 预先灌装 COD 试剂瓶。

2. 将试剂瓶放入消解器中，设定时间。

3. 将试剂瓶放入光度计中，然后直接显示出 COD 以 mg/L 计的读数值。

二、仪器操作特点

1. 测量方法为重铬酸钾法。COD 试剂是在高质量控制标准下研制的，符合 522D 方法和 USEPA 410.4 标准。

2. COD 水平随着应用和过程测量点的不同而变化，COD 的三个量程（低量程 0～150 mg/L、中量程 0～1500 mg/L、高量程 0～15000 mg/L）符合 COD 的测量应用。

3. COD 试剂在直径 16 mm 的试剂瓶内含有 3 mL 的试剂，对于任何范围的测量均需加入少量样品即可。

4. 预先灌装 COD 试剂瓶使浪费最小。高质量 COD 玻璃试剂瓶和盖可避免处理和消解过程中的溅出危险，试剂瓶也可作为安全处置的容器并包含少量的废物。

5. 预先灌装 COD 试剂瓶使准备时间急剧缩短，没有试剂准备过程或玻璃器皿的清洗的时间消耗。

三、技术参数

容量:25 个 16 mm × 100 mm 的试剂瓶消解槽,1 个不锈钢探头温度计插孔。

温度: 可选择，105 ℃ 或 150 ℃。

温度稳定性: ± 0.5 ℃。

环境操作温度: −5～+ 50 ℃。

电源: 230 V（AC）/50 Hz/250 W/保险 2A。

精确度: ± 2 ℃（环境温度为 25 ℃）。

预热时间: 根据设定的温度，30～40 min。

储藏温度: −20～60 ℃。

尺寸/质量: 190 mm × 300 mm × 95 mm/约 4.8 kg。

外壳：金属防腐外壳；25 个孔，直径 16 mm。

面板按键：薄膜按键 2 个。

计时：30 min、60 min、120 min 设定以及持续加热，自动关机，声音提示。

加热：400 W，电子控制，防过热保护。

升温时间：最多 10 min。

附录8 六联混凝搅拌器使用说明

一、操作步骤

1. 打开电源，等待调节控制器的屏幕上有清晰文字显示。按下搅拌器侧壁上的"LIFT"开关，使搅拌头抬起。

2. 将六个烧杯装好水样后放入灯箱上相应的定位孔，根据实验要求通过刻度吸管向烧杯中精确加入稀释好的混凝剂溶液，按下"DOWN"开关使搅拌头降下。按控制器上的回车键，即转入主菜单，以后所有的操作均可根据屏幕提示进行。

按数字键"1"或"2"选择同步运行或独立运行。

输入程序号，输完后核查一下，如有误可返回重输，如正确即可按回车键开始搅拌。

3. 当各段搅拌完成后，蜂鸣器报警，按"LIFT"将搅拌头抬起，开始进入沉淀。沉淀半小时后，可取水样测试浊度等指标。

二、操作注意事项

1. 实验时注意避免将水溅到机箱或者控制器上，溅上后要立即擦干。

2. 当搅拌头处于升起状态时，避免将手放在搅拌头下，以防搅拌头突然掉下来伤手。

3. 搅拌头在工作时，不能升降出入水，若叶片一边高速旋转一边进入水中，可能会损坏电路，此点必须注意，若不慎操作错误，须立即关掉电源，5 min 后再开机检查。

第二部分　常用国家与地方、行业标准及纯水制备与实验报告要求

附录 9　地表水环境质量标准（摘自 GB 3838—2002）

附表 3　地表水环境质量标准基本项目标准限值

序号	指标		I 类	II 类	III 类	IV 类	V 类
1	水温		人为造成的环境水温变化应限制在： 周平均最大温升≤1 ℃ 周平均最大温降≤2 ℃				
2	pH		6～9				
3	溶解氧/(mg/L)	≥	饱和率 90%（或 7.5）	6	5	3	2
4	高锰酸盐指数/(mg/L)	≤	2	4	6	10	15
5	化学需氧量（COD）/(mg/L)	≤	15	15	20	30	40
6	五日生化需氧量（BOD_5）/(mg/L)	≤	3	3	4	6	10
7	氨氮（NH_3-N）/(mg/L)	≤	0.15	0.5	1.0	1.5	2.0
8	总磷（以 P 计）/(mg/L)	≤	0.02（湖、库 0.01）	0.1（湖、库 0.025）	0.2（湖、库 0.05）	0.3（湖、库 0.1）	0.4（湖、库 0.2）
9	总氮（湖、库以 N 计）/(mg/L)	≤	0.2	0.5	1.0	1.5	2.0
10	铜/(mg/L)	≤	0.01	1.0	1.0	1.0	1.0
11	锌/(mg/L)	≤	0.05	1.0	1.0	2.0	2.0
12	氟化物（以 F^- 计）/(mg/L)	≤	1.0	1.0	1.0	1.5	1.5
13	硒/(mg/L)	≤	0.01	0.01	0.01	0.02	0.02
14	砷/(mg/L)	≤	0.05	0.05	0.05	0.1	0.1
15	汞/(mg/L)	≤	0.00005	0.00005	0.0001	0.001	0.001
16	镉/(mg/L)	≤	0.001	0.005	0.005	0.005	0.01
17	铬（六价）/(mg/L)	≤	0.01	0.05	0.05	0.05	0.1
18	铅/(mg/L)	≤	0.01	0.01	0.05	0.05	0.1
19	氰化物/(mg/L)	≤	0.005	0.05	0.2	0.2	0.2
20	挥发酚/(mg/L)	≤	0.002	0.002	0.005	0.01	0.1
21	石油类/(mg/L)	≤	0.05	0.05	0.05	0.5	1.0
22	阴离子表面活性剂/(mg/L)	≤	0.2	0.2	0.2	0.3	0.3
23	硫化物/(mg/L)	≤	0.05	0.1	0.2	0.5	1.0
24	粪大肠菌群/(个/L)	≤	200	2000	10000	20000	40000

附表4　集中式生活饮用水地表水源地补充项目标准限值

序号	项目	标准值/(mg/L)
1	硫酸盐（以 SO_4^{2-} 计）	250
2	氯化物（以 Cl^- 计）	250
3	硝酸盐（以 N 计）	10
4	铁	0.3
5	锰	0.1

附表5　集中式生活饮用水地表水源地特定项目标准限值

序号	项目	标准值/(mg/L)	序号	项目	标准值/(mg/L)
1	三氯甲烷	0.06	28	四氯苯③	0.02
2	四氯化碳	0.002	29	六氯苯	0.05
3	三溴甲烷	0.1	30	硝基苯	0.017
4	二氯甲烷	0.02	31	二硝基苯④	0.5
5	1,2-二氯乙烷	0.03	32	2,4-二硝基甲苯	0.0003
6	环氧氯丙烷	0.02	33	2,4,6-三硝基甲苯	0.5
7	氯乙烯	0.005	34	硝基氯苯⑤	0.05
8	1,1-二氯乙烯	0.03	35	2,4-二硝基氯苯	0.5
9	1,2-二氯乙烯	0.05	36	2,4-二氯苯酚	0.093
10	三氯乙烯	0.07	37	2,4,6-三氯苯酚	0.2
11	四氯乙烯	0.04	38	五氯酚	0.009
12	氯丁二烯	0.002	39	苯胺	0.1
13	六氯丁二烯	0.0006	40	联苯胺	0.0002
14	苯乙烯	0.02	41	丙烯酰胺	0.0005
15	甲醛	0.9	42	丙烯腈	0.1
16	乙醛	0.05	43	邻苯二甲酸二丁酯	0.003
17	丙烯醛	0.1	44	邻苯二甲酸二（2-乙基己基）酯	0.008
18	三氯乙醛	0.01	45	水合肼	0.01
19	苯	0.01	46	四乙基铅	0.0001
20	甲苯	0.7	47	吡啶	0.2
21	乙苯	0.3	48	松节油	0.2
22	二甲苯①	0.5	49	苦味酸	0.5
23	异丙苯	0.25	50	丁基黄原酸	0.005
24	氯苯	0.3	51	活性氯	0.01
25	1,2-二氯苯	1.0	52	滴滴涕	0.001
26	1,4-二氯苯	0.3	53	林丹	0.002
27	三氯苯②	0.02	54	环氧七氯	0.0002

序号	项 目	标准值/(mg/L)	序号	项 目	标准值/(mg/L)
55	对硫磷	0.003	68	多氯联苯⑥	$2.0×10^{-5}$
56	甲基对硫磷	0.002	69	微囊藻毒素-LR	0.001
57	马拉硫磷	0.05	70	黄磷	0.003
58	乐果	0.08	71	钼	0.07
59	敌敌畏	0.05	72	钴	1.0
60	敌百虫	0.05	73	铍	0.002
61	内吸磷	0.03	74	硼	0.5
62	百菌清	0.01	75	锑	0.005
63	甲萘威	0.05	76	镍	0.02
64	溴氰菊酯	0.02	77	钡	0.7
65	阿特拉津	0.003	78	钒	0.05
66	苯并[a]芘	$2.8×10^{-6}$	79	钛	0.1
67	甲基汞	$1.0×10^{-6}$	80	铊	0.0001

① 二甲苯: 指对二甲苯、间二甲苯、邻二甲苯。

② 三氯苯: 指1,2,3-三氯苯、1,2,4-三氯苯、1,3,5-三氯苯。

③ 四氯苯: 指1,2,3,4-四氯苯、1,2,3,5-四氯苯、1,2,4,5-四氯苯。

④ 二硝基苯: 指对二硝基苯、间二硝基苯、邻二硝基苯。

⑤ 硝基氯苯: 指对硝基氯苯、间硝基氯苯、邻硝基氯苯。

⑥ 多氯联苯: 指PCB-1016、PCB-1221、PCB-1232、PCB-1242、PCB-1248、PCB-1254、PCB-1260。

附录10 地下水质量标准（摘自 GB/T 14848—2017）

附表6 地下水质量常规指标及限值

序号	指标	Ⅰ类	Ⅱ类	Ⅲ类	Ⅳ类	Ⅴ类
感官性状及 一般化学指标						
1	色（铂钴色度单位）	≤5	≤5	≤15	≤25	>25
2	嗅和味	无	无	无	无	有
3	浑浊度/NTU①	≤3	≤3	≤3	≤10	>10
4	肉眼可见物	无	无	无	无	有
5	pH	6.5≤pH≤8.5			5.5≤pH≤6.5 8.5≤pH≤9.0	pH<5.5 或 pH>9.0
6	总硬度（以 $CaCO_3$ 计）/（mg/L）	≤150	≤300	≤450	≤650	>650
7	溶解性总固体/（mg/L）	≤300	≤500	≤1000	≤2000	>2000
8	硫酸盐/（mg/L）	≤50	≤150	≤250	≤350	>350
9	氯化物/（mg/L）	≤50	≤150	≤250	≤350	>350
10	铁/（mg/L）	≤0.1	≤0.2	≤0.3	≤2.0	>2.0
11	锰/（mg/L）	≤0.05	≤0.05	≤0.10	≤1.50	>1.50
12	铜/（mg/L）	≤0.01	≤0.05	≤1.00	≤1.50	>1.50
13	锌/（mg/L）	≤0.05	≤0.5	≤1.00	≤5.00	>5.00
14	铝/（mg/L）	≤0.01	≤0.05	≤0.20	≤0.50	>0.50
15	挥发性酚类（以苯酚计）/（mg/L）	≤0.001	≤0.001	≤0.002	≤0.01	>0.01
16	阴离子表面活性剂/（mg/L）	不得检出	≤0.1	≤0.3	≤0.3	>0.3
17	耗氧量（COD_{Mn}法，以 O_2 计）/（mg/L）	≤1.0	≤2.0	≤3.0	≤10.0	>10.0
18	氨氮（以 N 计）/（mg/L）	≤0.02	≤0.10	≤0.50	≤1.50	>1.50
19	硫化物/（mg/L）	≤0.005	≤0.01	≤0.02	≤0.10	>0.10
20	钠/（mg/L）	≤100	≤150	≤200	≤400	>400
微生物指标						
21	总大肠菌群/（MPN②/100 mL 或 CFU③/100 mL）	≤3.0	≤3.0	≤3.0	≤100	>100
22	菌落总数/（CFU/mL）	≤100	≤100	≤100	≤1000	>1000
毒理学指标						
23	亚硝酸盐（以 N 计）/（mg/L）	≤0.01	≤0.10	≤1.00	≤4.80	>4.80
24	硝酸盐（以 N 计）/（mg/L）	≤2.0	≤5.0	≤20.0	≤30.0	>30.0
25	氰化物/（mg/L）	≤0.001	≤0.01	≤0.05	≤0.1	>0.1
26	氟化物/（mg/L）	≤1.0	≤1.0	≤1.0	≤2.0	>2.0
27	碘化物/（mg/L）	≤0.04	≤0.04	≤0.08	≤0.50	>0.50
28	汞/（mg/L）	≤0.0001	≤0.0001	≤0.001	≤0.002	>0.002

序号	指标	Ⅰ类	Ⅱ类	Ⅲ类	Ⅳ类	Ⅴ类
29	砷/（mg/L）	≤0.001	≤0.001	≤0.01	≤0.05	>0.05
30	硒/（mg/L）	≤0.01	≤0.01	≤0.01	≤0.1	>0.1
31	镉/（mg/L）	≤0.0001	≤0.001	≤0.005	≤0.01	>0.01
32	铬（六价）/（mg/L）	≤0.005	≤0.01	≤0.05	≤0.10	>0.10
33	铅/（mg/L）	≤0.005	≤0.005	≤0.01	≤0.10	>0.10
34	三氯甲烷/（μg/L）	≤0.5	≤6	≤60	≤300	>300
35	四氯化碳/（μg/L）	≤0.5	≤0.5	≤2.0	≤50.0	>50.0
36	苯/（μg/L）	≤0.5	≤1.0	≤10.0	≤120	>120
37	甲苯/（μg/L）	≤0.5	≤140	≤700	≤1400	>1400
放射性指标④						
38	总α放射性/（Bq/L）	≤0.1	≤0.1	≤0.5	>0.5	>0.5
39	总β放射性/（Bq/L）	≤0.1	≤1.0	≤1.0	>1.0	>1.0

① NTU 为散射浊度单位。

② MPN 表示最可能数。

③ CFU 表示菌落形成单位。

④ 放射性指标超过指导值，应进行核素分析和评价。

附表7　地下水质量非常规指标及限值

序号	毒理学指标	Ⅰ类	Ⅱ类	Ⅲ类	Ⅳ类	Ⅴ类
1	铍/（mg/L）	≤0.0001	≤0.0001	≤0.002	≤0.06	>0.06
2	硼/（mg/L）	≤0.02	≤0.10	≤0.50	≤2.00	>2.00
3	锑/（mg/L）	≤0.0001	≤0.0005	≤0.005	≤0.01	>0.01
4	钡/（mg/L）	≤0.01	≤0.10	≤0.70	≤4.00	>4.00
5	镍/（mg/L）	≤0.002	≤0.002	≤0.02	≤0.10	>0.10
6	钴/（mg/L）	≤0.005	≤0.005	≤0.05	≤0.10	>0.10
7	钼/（mg/L）	≤0.001	≤0.01	≤0.07	≤0.15	>0.15
8	银/（mg/L）	≤0.001	≤0.01	≤0.05	≤0.10	>0.10
9	铊/（mg/L）	≤0.0001	≤0.0001	≤0.0001	≤0.001	>0.001
10	二氯甲烷/（μg/L）	≤1	≤2	≤20	≤500	>500
11	1,2-二氯乙烷/（μg/L）	≤0.5	≤3.0	≤30.0	≤40.0	>40.0
12	1,1,1-三氯乙烷/（μg/L）	≤0.5	≤400	≤2000	≤4000	>4000
13	1,1,2-三氯乙烷/（μg/L）	≤0.5	≤0.5	≤5.0	≤60.0	>60.0
14	1,2-二氯丙烷/（μg/L）	≤0.5	≤0.5	≤5.0	≤60.0	>60.0
15	三溴甲烷/（μg/L）	≤0.5	≤10.0	≤100	≤800	>800
16	氯乙烯/（μg/L）	≤0.5	≤0.5	≤5.0	≤90.0	>90.0
17	1,1-二氯乙烯/（μg/L）	≤0.5	≤3.0	≤30.0	≤60.0	>60.0
18	1,2-二氯乙烯/（μg/L）	≤0.5	≤5.0	≤50.0	≤60.0	>60.0
19	三氯乙烯/（μg/L）	≤0.5	≤7.0	≤70.0	≤210	>210

序号	毒理学指标	I类	II类	III类	IV类	V类
20	四氯乙烯/（μg/L）	≤0.5	≤4.0	≤40.0	≤300	>300
21	氯苯/（μg/L）	≤0.5	≤60.0	≤300	≤600	>600
22	邻二氯苯/（μg/L）	≤0.5	≤200	≤1000	≤2000	>2000
23	对二氯苯/（μg/L）	≤0.5	≤30.0	≤300	≤600	>600
24	三氯苯（总量）①/（μg/L）	≤0.5	≤4.0	≤20.0	≤180	>180
25	乙苯/（μg/L）	≤0.5	≤30.0	≤300	≤600	>600
26	二甲苯（总量）②/（μg/L）	≤0.5	≤100	≤500	≤1000	>1000
27	苯乙烯/（μg/L）	≤0.5	≤2.0	≤20.0	≤40.0	>40.0
28	2,4-二硝基甲苯/（μg/L）	≤0.1	≤0.5	≤5.0	≤60.0	>60.0
29	2,6-二硝基甲苯/（μg/L）	≤0.1	≤0.5	≤5.0	≤30.0	>30.0
30	萘/（μg/L）	≤1	≤10	≤100	≤600	>600
31	蒽/（μg/L）	≤1	≤360	≤1800	≤3600	>3600
32	荧蒽/（μg/L）	≤1	≤50	≤240	≤480	>480
33	苯并[b]荧蒽/（μg/L）	≤0.1	≤0.4	≤4.0	≤8.0	>8.0
34	苯并[a]芘/（μg/L）	≤0.002	≤0.002	≤0.01	≤0.50	>0.50
35	多氯联苯（总量）③/（μg/L）	≤0.05	≤0.05	≤0.50	≤10.0	>10.0
36	邻苯二甲酸二（2-乙基己基）酯/（μg/L）	≤3	≤3	≤8.0	≤300	>300
37	2,4,6-三氯酚/（μg/L）	≤0.05	≤20.0	≤200	≤300	>300
38	五氯酚/（μg/L）	≤0.05	≤0.90	≤9.0	≤18.0	>18.0
39	六六六（总量）④/（μg/L）	≤0.01	≤0.50	≤5.00	≤300	>300
40	γ-六六六（林丹）/（μg/L）	≤0.01	≤0.20	≤2.00	≤150	>150
41	滴滴涕（总量）⑤/（μg/L）	≤0.01	≤0.10	≤1.00	≤2.00	>2.00
42	六氯苯/（μg/L）	≤0.01	≤0.10	≤1.00	≤2.00	>2.00
43	七氯/（μg/L）	≤0.01	≤0.04	≤0.40	≤0.80	>0.80
44	2,4-滴/（μg/L）	≤0.1	≤6.0	≤30.0	≤150	>150
45	克百威/（μg/L）	≤0.05	≤1.40	≤7.00	≤14.0	>14.0
46	涕灭威/（μg/L）	≤0.05	≤0.60	≤3.00	≤30.0	>30.0
47	敌敌畏/（μg/L）	≤0.05	≤0.10	≤1.00	≤2.00	>2.00
48	甲基对硫磷/（μg/L）	≤0.05	≤4.00	≤20.0	≤40.0	>40.0
49	马拉硫磷/（μg/L）	≤0.05	≤25.0	≤250	≤500	>500
50	乐果/（μg/L）	≤0.05	≤16.0	≤80.0	≤160	>160
51	毒死蜱/（μg/L）	≤0.05	≤6.00	≤30.0	≤60.0	>60.0
52	百菌清/（μg/L）	≤0.05	≤1.00	≤10.0	≤150	>150
53	莠去津/（μg/L）	≤0.05	≤0.40	≤2.00	≤600	>600
54	草甘膦/（μg/L）	≤0.1	≤140	≤700	≤1400	>1400

① 三氯苯（总量）为1,2,3-三氯苯、1,2,4-三氯苯、1,3,5-三氯苯3种异构体加和。

② 二甲苯（总量）为邻二甲苯、间二甲苯、对二甲苯3种异构体加和。

③ 多氯联苯（总量）为PCB-28、PCB-52、PCB-101、PCB-118、PCB-138、PCB-153、PCB-180、PCB-194、PCB-206九种多氯联苯单体加和。

④ 六六六（总量）为α-六六六、β-六六六、γ-六六六、δ-六六六4种异构体加和。

⑤ 滴滴涕（总量）为o,p'-滴滴涕、p,p'-滴滴伊、p,p'-滴滴滴、p,p'-滴滴涕4种异构体加和。

附录11 污水综合排放标准（摘自 GB 8978—1996）

附表8 第一类污染物最高允许排放浓度

序号	污染物	最高允许排放浓度
1	总汞/（mg/L）	0.05
2	烷基汞/（mg/L）	不得检出
3	总镉/（mg/L）	0.1
4	总铬/（mg/L）	1.5
5	六价铬/（mg/L）	0.5
6	总砷/（mg/L）	0.5
7	总铅/（mg/L）	1.0
8	总镍/（mg/L）	1.0
9	苯并[a]芘/（mg/L）	0.00003
10	总铍/（mg/L）	0.005
11	总银/（mg/L）	0.5
12	总 α 放射性	1 Bq/L
13	总 β 放射性	10 Bq/L

附表9 第二类污染物最高允许排放浓度

（1997 年 12 月 31 日之前建设的单位）　　　　　单位：mg/L

序号	污染物	适用范围	一级标准	二级标准	三级标准
1	pH	一切排污单位	6～9	6～9	6～9
2	色度（稀释倍数）	染料工业	50	180	—
		其他排污单位	50	80	—
3	悬浮物（SS）	采矿、选矿、选煤工业	100	300	—
		脉金选矿	100	500	—
		边远地区砂金选矿	100	800	—
		城镇二级污水处理厂	20	30	—
		其他排污单位	70	200	400
4	五日生化需氧量（BOD₅）	甘蔗制糖、苎麻脱胶、湿法纤维板工业	30	100	600
		甜菜制糖、酒精、味精、皮革、化纤浆粕工业	30	150	600
		城镇二级污水处理厂	20	30	—
		其他排污单位	30	60	300
5	化学需氧量（COD）	甜菜制糖、焦化、合成脂肪酸、湿法纤维板、染料、洗毛、有机磷农药工业	100	200	1000
		味精、酒精、医药原料药、生物制药、苎麻脱胶、皮革、化纤浆粕工业	100	300	1000

序号	污染物	适用范围	一级标准	二级标准	三级标准
5	化学需氧量（COD）	石油化工工业（包括石油炼制）	100	150	500
		城镇二级污水处理厂	60	120	—
		其他排污单位	100	150	500
6	石油类	一切排污单位	10	10	30
7	动植物油	一切排污单位	20	20	100
8	挥发酚	一切排污单位	0.5	0.5	2.0
9	总氰化物	电影洗片（铁氰化合物）	0.5	5.0	5.0
		其他排污单位	0.5	0.5	1.0
10	硫化物	其他排污单位	1.0	1.0	2.0
11	氨氮	医药原料药、染料、石油化工工业	15	50	
		其他排污单位	15	25	—
12	氟化物	黄磷工业	10	20	20
		低氟地区（水体含氟量<0.5 mg/L）	10	20	30
		其他排污单位	10	10	20
13	磷酸盐（以P计）	一切排污单位	0.5	1.0	—
14	甲醛	一切排污单位	1.0	2.0	5.0
15	苯胺类	一切排污单位	1.0	2.0	5.0
16	硝基苯类	一切排污单位	2.0	3.0	5.0
17	阴离子表面活性剂（LAS）	合成洗涤剂工业	5.0	15	20
		其他排污单位	5.0	10	20
18	总铜	一切排污单位	0.5	1.0	2.0
19	总锌	一切排污单位	2.0	5.0	5.0
20	总锰	合成脂肪酸工业	2.0	5.0	5.0
		其他排污单位	2.0	2.0	5.0
21	彩色显影剂	电影洗片	2.0	3.0	5.0
22	显影剂及氧化物总量	电影洗片	3.0	6.0	6.0
23	元素磷	一切排污单位	0.1	0.3	0.3
24	有机磷农药（以P计）	一切排污单位	不得检出	0.5	0.5
25	粪大肠菌群数	医院①、兽医院及医疗机构含病原体污水	500 个/L	1000 个/L	5000 个/L
		传染病、结核病医院污水	100 个/L	500 个/L	1000 个/L
26	总余氯（采用氯化消毒的医院污水）	医院①、兽医院及医疗机构含病原体污水	<0.5②	>3（接触时间≥1 h）	>2（接触时间≥1 h）
		传染病、结核病医院污水	<0.5②	>6.5（接触时间≥1.5 h）	>5（接触时间≥1.5 h）

① 指 50 个床位以上的医院。

② 加氯消毒后须进行脱氯处理，达到本标准。

附表10 部分行业最高允许排水量

（1997年12月31日之前建设的单位）

序号	行业类别			最高允许排水量或最低允许水重复利用率
1	矿山工业	有色金属系统选矿		水重复利用率75%
		其他矿山工业采矿、选矿、选煤等		水重复利用率90%（选煤）
		脉金选矿	重选	16.0 m³/t（矿石）
			浮选	9.0 m³/t（矿石）
			氰化	8.0 m³/t（矿石）
			碳浆	8.0 m³/t（矿石）
2	焦化企业（煤气厂）			1.2 m³/t（焦炭）
3	有色金属冶炼及金属加工			水重复利用率80%
4	石油炼制工业（不包括直排水炼油厂） 加工深度分类： 　A. 燃料型炼油厂 　B. 燃料+润滑油型炼油厂 　C. 燃料+润滑油型+炼油化工型炼油厂（包括加工高含硫原油页岩油和石油添加剂生产基地的炼油厂）	A		>500万t，1.0 m³/t（原油） 250万～500万t，1.2 m³/t（原油） <250万t，1.5 m³/t（原油）
		B		>500万t，1.5 m³/t（原油） 250万～500万t，2.0 m³/t（原油） <250万t，2.0 m³/t（原油）
		C		>500万t，2.0 m³/t（原油） 250万～500万t，2.5 m³/t（原油） <250万t，2.5 m³/t（原油）
5	合成洗涤剂工业	氯化法生产烷基苯		200.0 m³/t（烷基苯）
		裂解法生产烷基苯		70.0 m³/t（烷基苯）
		烷基苯生产合成洗涤剂		10.0 m³/t（产品）
6	合成脂肪酸工业			200.0 m³/t（产品）
7	湿法生产纤维板工业			30.0 m³/t（板）
8	制糖工业	甘蔗制糖		10.0 m³/t（甘蔗）
		甜菜制糖		4.0 m³/t（甜菜）
9	皮革工业	猪盐湿皮		60.0 m³/t（原皮）
		牛干皮		100.0 m³/t（原皮）
		羊干皮		150.0 m³/t（原皮）
10	发酵、酿造工业	酒精工业	以玉米为原料	100.0 m³/t（酒精）
			以薯类为原料	80.0 m³/t（酒精）
			以糖蜜为原料	70.0 m³/t（酒精）
		味精工业		600.0 m³/t（味精）
		啤酒工业（排水量不包括麦芽水部分）		16.0 m³/t（啤酒）
11	铬盐工业			5.0 m³/t（产品）
12	硫酸工业（水洗法）			15.0 m³/t（硫酸）
13	苎麻脱胶工业			500 m³/t（原麻）或750 m³/t（精干麻）
14	化纤浆粕			本色：150 m³/t（浆） 漂白：240 m³/t（浆）

序号	行业类别		最高允许排水量或最低允许水重复利用率
15	粘胶纤维工业（单纯纤维）	短纤维（棉型中长纤维、毛型中长纤维）	300 m³/t（纤维）
		长纤维	800 m³/t（纤维）
16	铁路货车洗刷		5.0 m³/辆
17	电影洗片		5.0 m³/1000 m（35 mm 的胶片）
18	石油沥青工业		冷却池的水循环利用率 95%

附表11　第二类污染物最高允许排放浓度

（1998 年 1 月 1 日后建设的单位）　　　　　单位：mg/L

序号	污染物	适用范围	一级标准	二级标准	三级标准
1	pH	一切排污单位	6～9	6～9	6～9
2	色度（稀释倍数）	一切排污单位	50	80	—
3	悬浮物（SS）	采矿、选矿、选煤工业	70	300	—
		脉金选矿	70	400	—
		边远地区砂金选矿	70	800	—
		城镇二级污水处理厂	20	30	—
		其他排污单位	70	150	400
4	五日生化需氧量（BOD$_5$）	甘蔗制糖、苎麻脱胶、湿法纤维板、染料、洗毛工业	20	60	600
		甜菜制糖、酒精、味精、皮革、化纤浆粕工业	20	100	600
		城镇二级污水处理厂	20	30	—
		其他排污单位	20	30	300
5	化学需氧量（COD）	甜菜制糖、合成脂肪酸、湿法纤维板、染料、洗毛、有机磷农药工业	100	200	1000
		味精、酒精、医药原料药、生物制药、苎麻脱胶、皮革、化纤浆粕工业	100	300	1000
		石油化工工业（包括石油炼制）	60	120	500
		城镇二级污水处理厂	60	120	500
		其他排污单位	100	150	500
6	石油类	一切排污单位	5	10	20
7	动植物油	一切排污单位	10	15	100
8	挥发酚	一切排污单位	0.5	0.5	2.0
9	总氰化物	一切排污单位	0.5	0.5	1.0
10	硫化物	一切排污单位	1.0	1.0	1.0
11	氨氮	医药原料药、染料、石油化工工业	15	50	—
		其他排污单位	15	25	—

序号	污染物	适用范围	一级标准	二级标准	三级标准
12	氟化物	黄磷工业	10	15	20
		低氟地区（水体含氟量<0.5 mg/L）	10	20	30
		其他排污单位	10	10	20
13	磷酸盐（以 P 计）	一切排污单位	0.5	1.0	—
14	甲醛	一切排污单位	1.0	2.0	5.0
15	苯胺类	一切排污单位	1.0	2.0	5.0
16	硝基苯类	一切排污单位	2.0	3.0	5.0
17	阴离子表面活性剂（LAS）	一切排污单位	5.0	10	20
18	总铜	一切排污单位	0.5	1.0	2.0
19	总锌	一切排污单位	2.0	5.0	5.0
20	总锰	合成脂肪酸工业	2.0	5.0	5.0
		其他排污单位	2.0	2.0	5.0
21	彩色显影剂	电影洗片	1.0	2.0	3.0
22	显影剂及氧化物总量	电影洗片	3.0	3.0	6.0
23	元素磷	一切排污单位	0.1	0.1	0.3
24	有机磷农药（以 P 计）	一切排污单位	不得检出	0.5	0.5
25	乐果	一切排污单位	不得检出	1.0	2.0
26	对硫磷	一切排污单位	不得检出	1.0	2.0
27	甲基对硫磷	一切排污单位	不得检出	1.0	2.0
28	马拉硫磷	一切排污单位	不得检出	5.0	10
29	五氯酚及五氯酚钠（以五氯酚计）	一切排污单位	5.0	8.0	10
30	可吸附有机卤化物（AOX）（以 Cl 计）	一切排污单位	1.0	5.0	8.0
31	三氯甲烷	一切排污单位	0.3	0.6	1.0
32	四氯化碳	一切排污单位	0.03	0.06	0.5
33	三氯乙烯	一切排污单位	0.3	0.6	1.0
34	四氯乙烯	一切排污单位	0.1	0.2	0.5
35	苯	一切排污单位	0.1	0.2	0.5
36	甲苯	一切排污单位	0.1	0.2	0.5
37	乙苯	一切排污单位	0.4	0.6	1.0
38	邻二甲苯	一切排污单位	0.4	0.6	1.0
39	对二甲苯	一切排污单位	0.4	0.6	1.0
40	间二甲苯	一切排污单位	0.4	0.6	1.0
41	氯苯	一切排污单位	0.2	0.4	1.0

序号	污染物	适用范围	一级标准	二级标准	三级标准
42	邻二氯苯	一切排污单位	0.4	0.6	1.0
43	对二氯苯	一切排污单位	0.4	0.6	1.0
44	对硝基氯苯	一切排污单位	0.5	1.0	5.0
45	2,4-二硝基氯苯	一切排污单位	0.5	1.0	5.0
46	苯酚	一切排污单位	0.3	0.4	1.0
47	间甲酚	一切排污单位	0.1	0.2	0.5
48	2,4-二氯酚	一切排污单位	0.6	0.8	1.0
49	2,4,6-三氯酚	一切排污单位	0.6	0.8	1.0
50	邻苯二甲酸二丁酯	一切排污单位	0.2	0.4	2.0
51	邻苯二甲酸二辛酯	一切排污单位	0.3	0.6	2.0
52	丙烯腈	一切排污单位	2.0	5.0	5.0
53	总硒	一切排污单位	0.1	0.2	0.5
54	粪大肠菌群数	医院①、兽医院及医疗机构含病原体污水	500 个/L	1000 个/L	5000 个/L
		传染病、结核病医院污水	100 个/L	500 个/L	1000 个/L
55	总余氯（采用氯化消毒的医院污水）	医院①、兽医院及医疗机构含病原体污水	<0.5②	>3（接触时间≥1 h）	>2（接触时间≥1 h）
		传染病、结核病医院污水	<0.5②	>6.5（接触时间≥1.5 h）	>5（接触时间≥1.5 h）
56	总有机碳（TOC）	合成脂肪酸工业	20	40	—
		苎麻脱胶工业	20	60	—
		其他排污单位	20	30	—

① 指 50 个床位以上的医院。

② 加氯消毒后须进行脱氯处理，达到本标准。

注：其他排污单位指除在该控制项目中所列行业以外的一切排污单位。

附表12　部分行业最高允许排水量

（1998 年 1 月 1 日后建设的单位）

序号	行业类别			最高允许排水量或最低允许水重复利用率
1	矿山工业	有色金属系统选矿		水重复利用率 75%
		其他矿山工业采矿、选矿、选煤等		水重复利用率 90%（选煤）
		脉金选矿	重选	16.0 m³/t（矿石）
			浮选	9.0 m³/t（矿石）
			氰化	8.0 m³/t（矿石）
			碳浆	8.0 m³/t（矿石）
2	焦化企业（煤气厂）			1.2 m³/t（焦炭）
3	有色金属冶炼及金属加工			水重复利用率 80%

序号	行业类别			最高允许排水量或最低允许水重复利用率	
4	石油炼制工业（不包括直排水炼油厂） 加工深度分类： 　A. 燃料型炼油厂 　B. 燃料+润滑油型炼油厂 　C. 燃料+润滑油型+炼油化工型炼油厂（包括加工高含硫原油页岩油和石油添加剂生产基地的炼油厂）		A	>500 万 t，1.0 m³/t（原油） 250 万～500 万 t，1.2 m³/t（原油） <250 万 t，1.5 m³/t（原油）	
			B	>500 万 t，1.5 m³/t（原油） 250 万～500 万 t，2.0 m³/t（原油） <250 万 t，2.0m³/t（原油）	
			C	>500 万 t，2.0 m³/t（原油） 250 万～500 万 t，2.5 m³/t（原油） <250 万 t，2.5 m³/t（原油）	
5	合成洗涤剂工业	氯化法生产烷基苯		200.0 m³/t（烷基苯）	
		裂解法生产烷基苯		70.0 m³/t（烷基苯）	
		烷基苯生产合成洗涤剂		10.0 m³/t（产品）	
6	合成脂肪酸工业			200.0 m³/t（产品）	
7	湿法生产纤维板工业			30.0 m³/t（板）	
8	制糖工业	甘蔗制糖		10.0 m³/t（甘蔗）	
		甜菜制糖		4.0 m³/t（甜菜）	
9	皮革工业	猪盐湿皮		60.0 m³/t（原皮）	
		牛干皮		100.0 m³/t（原皮）	
		羊干皮		150.0 m³/t（原皮）	
10	发酵、酿造工业	酒精工业	以玉米为原料	100.0 m³/t（酒精）	
			以薯类为原料	80.0 m³/t（酒精）	
			以糖蜜为原料	70.0 m³/t（酒精）	
		味精工业		600.0 m³/t（味精）	
		啤酒工业（排水量不包括麦芽水部分）		16.0 m³/t（啤酒）	
11	铬盐工业			5.0 m³/t（产品）	
12	硫酸工业（水洗法）			15.0 m³/t（硫酸）	
13	苎麻脱胶工业			500 m³/t（原麻）或 750 m³/t（精干麻）	
14	粘胶纤维工业（单纯纤维）	短纤维（棉型中长纤维、毛型中长纤维）		300.0 m³/t（纤维）	
		长纤维		800.0 m³/t（纤维）	
15	化纤浆粕	本色		150 m³/t（浆）	
		漂白		240 m³/t（浆）	
16	制药工业医药原料药	青霉素		4700 m³/t（青霉素）	
		链霉素		1450 m³/t（链霉素）	
		土霉素		1300 m³/t（土霉素）	
		四环素		1900 m³/t（四环素）	
		洁霉素		9200 m³/t（洁霉素）	
		金霉素		3000 m³/t（金霉素）	
		庆大霉素		20400 m³/t（庆大霉素）	

序号	行业类别		最高允许排水量或最低允许水重复利用率
16	制药工业医药原料药	维生素 C	1200 m³/t（维生素 C）
		氯霉素	2700 m³/t（氯霉素）
		新诺明	2000 m³/t（新诺明）
		维生素 B_1	3400 m³/t（维生素 B_1）
		安乃近	180 m³/t（安乃近）
		非那西汀	750 m³/t（非那西汀）
		呋喃唑酮	2400 m³/t（呋喃唑酮）
		咖啡因	1200 m³/t（咖啡因）
17	有机磷农药工业[①]	乐果[②]	700 m³/t（产品）
		甲基对硫磷（水相法）[②]	300 m³/t（产品）
		对硫磷（P_2S_5 法）[②]	500 m³/t（产品）
		对硫磷（$PSCl_3$ 法）[②]	550 m³/t（产品）
		敌敌畏（敌百虫碱解法）	200 m³/t（产品）
		敌百虫	40 m³/t（产品）（不包括三氯乙醛生产废水）
		马拉硫磷	700m³/t（产品）
18	除草剂工业[①]	除草醚	5 m³/t（产品）
		五氯酚钠	2 m³/t（产品）
		五氯酚	4 m³/t（产品）
		2 甲 4 氯	14 m³/t（产品）
		2,4-滴	4 m³/t（产品）
		丁草胺	4.5 m³/t（产品）
		绿麦隆（以 Fe 粉还原）	2 m³/t（产品）
		绿麦隆（以 Na_2S 还原）	3 m³/t（产品）
19	火力发电工业		3.5 m³/（MW·h）
20	铁路货车洗刷		5.0 m³/辆
21	电影洗片		5.0 m³/1000 m（35 mm 的胶片）
22	石油沥青工业		冷却池的水循环利用率 95%

① 产品按 100%浓度计。

② 不包括 P_2S_5、$PSCl_3$、PCl_3 原料生产废水。

附录 12　生活饮用水卫生标准（摘自 GB 5749—2022）

附表 13　生活饮用水水质常规指标及限值

序号	指标	限值
一、微生物指标		
1	总大肠菌群/（MPN/100 mL 或 CFU/100 mL）①	不应检出
2	大肠埃希氏菌/（MPN/100 mL 或 CFU/100 mL）①	不应检出
3	菌落总数/（MPN/mL 或 CFU/mL）②	100
二、毒理指标		
4	砷/（mg/L）	0.01
5	镉/（mg/L）	0.005
6	铬（六价）/（mg/L）	0.05
7	铅/（mg/L）	0.01
8	汞/（mg/L）	0.001
9	氰化物/（mg/L）	0.05
10	氟化物/（mg/L）②	1.0
11	硝酸盐（以 N 计）/（mg/L）②	10
12	三氯甲烷/（mg/L）③	0.06
13	一氯二溴甲烷/（mg/L）③	0.1
14	二氯一溴甲烷/（mg/L）③	0.06
15	三溴甲烷/（mg/L）③	0.1
16	三卤甲烷（三氯甲烷、一氯二溴甲烷、二氯一溴甲烷、三溴甲烷的总和）③	该类化合物中各种化合物的实测浓度与其各自限值的比值之和不超过 1
17	二氯乙酸/（mg/L）③	0.05
18	三氯乙醛/（mg/L）③	0.1
19	溴酸盐/（mg/L）③	0.01
20	亚氯酸盐/（mg/L）③	0.7
21	氯酸盐/（mg/L）③	0.7
三、感官性状和一般化学指标④		
22	色度（铂钴色度单位）/度	15
23	浑浊度（散射浑浊度单位）/NTU②	1
24	臭和味	无异臭、异味
25	肉眼可见物	无
26	pH	不小于 6.5 且不大于 8.5
27	铝/（mg/L）	0.2
28	铁/（mg/L）	0.3
29	锰/（mg/L）	0.1
30	铜/（mg/L）	1.0
31	锌/（mg/L）	1.0
32	氯化物/（mg/L）	250

序号	指标	限值
33	硫酸盐/（mg/L）	250
34	溶解性总固体/（mg/L）	1000
35	总硬度（以 $CaCO_3$ 计）/（mg/L）	450
36	高锰酸盐指数（以 O_2 计）/（mg/L）	3
37	氨（以 N 计）/（mg/L）	0.5
四、放射性指标⑤		
38	总α放射性/（Bq/L）	0.5（指导值）
39	总β放射性/（Bq/L）	1（指导值）

① MPN 表示最可能数；CFU 表示菌落形成单位。当水样检出总大肠菌群时，应进一步检验大肠埃希氏菌；当水样未检出总大肠菌群时，不必检验大肠埃希氏菌。

② 小型集中式供水和分散式供水因水源与净水技术受限时，菌落总数指标限值按 500 MPN/mL 或 500 CFU/mL 执行，氟化物指标限值按 1.2 mg/L 执行，硝酸盐（以 N 计）指标限值按 20 mg/L 执行，浑浊度指标限值按 3 NTU 执行。

③ 水处理工艺流程中预氧化或消毒方式：
· 采用液氯、次氯酸钙及氯胺时，应测定三氯甲烷、一氯二溴甲烷、二氯一溴甲烷、三溴甲烷、三卤甲烷、二氯乙酸、三氯乙酸；
· 采用次氯酸钠时，应测定三氯甲烷、一氯二溴甲烷、二氯一溴甲烷、三溴甲烷、三卤甲烷、二氯乙酸、三氯乙酸、氯酸盐；
· 采用臭氧时，应测定溴酸盐；
· 采用二氧化氯时，应测定亚氯酸盐；
· 采用二氧化氯与氯混合消毒剂发生器时，应测定亚氯酸盐、氯酸盐、三氯甲烷、一氯二溴甲烷、二氯一溴甲烷、三溴甲烷、三卤甲烷、二氯乙酸、三氯乙酸；
· 当原水中含有上述污染物，可能导致出厂水和末梢水的超标风险时，无论采用何种预氧化或消毒方式，都应对其进行测定。

④ 当发生影响水质的突发公共事件时，经风险评估，感官性状和一般化学指标可暂时适当放宽。

⑤ 放射性指标超过指导值（总β放射性扣除 ^{40}K 后仍然大于 1 Bq/L），应进行核素分析和评价，判定能否饮用。

附表14　生活饮用水消毒剂常规指标及要求

序号	指标	与水接触时间/min	出厂水和末梢水限值/（mg/L）	出厂水余量/（mg/L）	末梢水余量/（mg/L）
40	游离氯①④	≥30	≤2	≥0.3	≥0.05
41	总氯②	≥120	≤3	≥0.5	≥0.05
42	臭氧③	≥12	≤0.3	—	≥0.02 如采用其他协同消毒方式，消毒剂限值及余量应满足相应要求
43	二氧化氯④	≥30	≤0.8	≥0.1	≥0.02

① 采用液氯、次氯酸钠、次氯酸钙消毒方式时，应测定游离氯。

② 采用氯胺消毒方式时，应测定总氯。

③ 采用臭氧消毒方式时，应测定臭氧。

④ 采用二氧化氯消毒方式时，应测定二氧化氯；采用二氧化氯与氯混合消毒剂发生器消毒方式时，应测定二氧化氯和游离氯。两项指标均应满足限值要求，至少一项指标应满足余量要求。

序号	指标	限值
一、微生物指标		
44	贾第鞭毛虫/（个/10 L）	< 1
45	隐孢子虫/（个/10 L）	< 1
二、毒理指标		
46	锑/（mg/L）	0.005
47	钡/（mg/L）	0.7
48	铍/（mg/L）	0.002
49	硼/（mg/L）	1.0
50	钼/（mg/L）	0.07
51	镍/（mg/L）	0.02
52	银/（mg/L）	0.05
53	铊/（mg/L）	0.0001
54	硒/（mg/L）	0.01
55	高氯酸盐/（mg/L）	0.07
56	二氯甲烷/（mg/L）	0.02
57	1,2-二氯乙烷/（mg/L）	0.03
58	四氯化碳/（mg/L）	0.002
59	氯乙烯/（mg/L）	0.001
60	1,1-二氯乙烯/（mg/L）	0.03
61	1,2-二氯乙烯（总量）/（mg/L）	0.05
62	三氯乙烯/（mg/L）	0.02
63	四氯乙烯/（mg/L）	0.04
64	六氯丁二烯/（mg/L）	0.0006
65	苯/（mg/L）	0.01
66	甲苯/（mg/L）	0.7
67	二甲苯（总量）/（mg/L）	0.5
68	苯乙烯/（mg/L）	0.02
69	氯苯/（mg/L）	0.3
70	1,4-二氯苯/（mg/L）	0.3
71	三氯苯（总量）/（mg/L）	0.02
72	六氯苯/（mg/L）	0.001
73	七氯/（mg/L）	0.0004
74	马拉硫磷/（mg/L）	0.25
75	乐果/（mg/L）	0.006
76	灭草松/（mg/L）	0.3

序号	指标	限值
77	百菌清/（mg/L）	0.01
78	呋喃丹/（mg/L）	0.007
79	毒死蜱/（mg/L）	0.03
80	草甘膦/（mg/L）	0.7
81	敌敌畏/（mg/L）	0.001
82	莠去津/（mg/L）	0.002
83	溴氰菊酯/（mg/L）	0.02
84	2,4-滴/（mg/L）	0.03
85	乙草胺/（mg/L）	0.02
86	五氯酚/（mg/L）	0.009
87	2,4,6-三氯酚/（mg/L）	0.2
88	苯并[a]芘/（mg/L）	0.00001
89	邻苯二甲酸二(2-乙基己基)酯/（mg/L）	0.008
90	丙烯酰胺/（mg/L）	0.0005
91	环氧氯丙烷/（mg/L）	0.0004
92	微囊藻毒素-LR（藻类暴发情况发生时）/（mg/L）	0.001
三、感官性状和一般化学指标[①]		
93	钠/（mg/L）	200
94	挥发酚类（以苯酚计）/（mg/L）	0.002
95	阴离子合成洗涤剂/（mg/L）	0.3
96	2-甲基异莰醇/（mg/L）	0.00001
97	土臭素/（mg/L）	0.00001

① 当发生影响水质的突发公共事件时，经风险评估，感官性状和一般化学指标可暂时适当放宽。

附表16　生活饮用水水质参考指标及限值

序号	指标	限值
1	肠球菌/（CFU/100 mL 或 MPN/100 mL）	不应检出
2	产气荚膜梭状芽孢杆菌/（CFU/100 mL）	不应检出
3	钒/（mg/L）	0.01
4	氯化乙基汞/（mg/L）	0.0001
5	四乙基铅/（mg/L）	0.0001
6	六六六（总量）/（mg/L）	0.005
7	对硫磷/（mg/L）	0.003
8	甲基对硫磷/（mg/L）	0.009
9	林丹/（mg/L）	0.002
10	滴滴涕/（mg/L）	0.001

序号	指标	限值
11	敌百虫/（mg/L）	0.05
12	甲基硫菌灵/（mg/L）	0.3
13	稻瘟灵/（mg/L）	0.3
14	氟乐灵/（mg/L）	0.02
15	甲霜灵/（mg/L）	0.05
16	西草净/（mg/L）	0.03
17	乙酰甲胺磷/（mg/L）	0.08
18	甲醛/（mg/L）	0.9
19	三氯乙醛/（mg/L）	0.1
20	氯化氰（以 CN⁻计）/（mg/L）	0.07
21	亚硝基二甲胺/（mg/L）	0.0001
22	碘乙酸/（mg/L）	0.02
23	1,1,1-三氯乙烷/（mg/L）	2
24	1,2-二溴乙烷/（mg/L）	0.00005
25	五氯丙烷/（mg/L）	0.03
26	乙苯/（mg/L）	0.3
27	1,2-二氯苯/（mg/L）	1
28	硝基苯/（mg/L）	0.017
29	双酚 A/（mg/L）	0.01
30	丙烯腈/（mg/L）	0.1
31	丙烯醛/（mg/L）	0.1
32	戊二醛/（mg/L）	0.07
33	二(2-乙基己基)己二酸酯/（mg/L）	0.4
34	邻苯二甲酸二乙酯/（mg/L）	0.3
35	邻苯二甲酸二丁酯/（mg/L）	0.003
36	多环芳烃（总量）/（mg/L）	0.002
37	多氯联苯（总量）/（mg/L）	0.0005
38	二噁英（2,3,7,8-四氯二苯并对二噁英）/（mg/L）	0.00000003
39	全氟辛酸/（mg/L）	0.00008
40	全氟辛烷磺酸/（mg/L）	0.00004
41	丙烯酸/（mg/L）	0.5
42	环烷酸/（mg/L）	1.0
43	丁基黄原酸/（mg/L）	0.001
44	β-萘酚/（mg/L）	0.4
45	二甲基二硫醚/（mg/L）	0.00003

序号	指标	限值
46	二甲基三硫醚/（mg/L）	0.00003
47	苯甲醚/（mg/L）	0.05
48	石油类（总量）/（mg/L）	0.05
49	总有机碳/（mg/L）	5
50	碘化物/（mg/L）	0.1
51	硫化物/（mg/L）	0.02
52	亚硝酸盐（以 N 计）/（mg/L）	1
53	石棉（纤维 > 10μm）/（万个/L）	700
54	铀/（mg/L）	0.03
55	镭-226/（Bq/L）	1

附录 13　溶解氧与水温的关系

附表 17　在标准大气压下水中溶解氧与温度、盐度的关系

温度/℃	不同盐度下的溶解氧/(mg/L)								
	0	5	10	15	20	25	30	35	40
20	9.1	8.8	8.7	8.3	8.1	7.9	7.7	7.4	7.2
22	8.7	8.5	8.2	8.0	7.8	7.6	7.3	7.1	6.9
24	8.4	8.1	7.9	7.7	7.5	7.3	7.1	6.9	6.7
26	8.1	7.8	7.6	7.4	7.2	7.0	6.8	6.6	6.4
28	7.8	7.6	7.4	7.2	7.0	6.8	6.6	6.4	6.2
30	7.5	7.3	7.1	6.9	6.7	6.5	6.3	6.2	6.0
32	7.3	7.1	6.8	6.7	6.5	6.3	6.1	6.0	5.8
34	7.0	6.8	6.6	6.4	6.3	6.1	5.9	5.8	5.6
36	6.8	6.6	6.4	6.2	6.1	5.8	5.7	5.6	5.4
38	6.5	6.3	6.2	6.0	5.8	5.7	5.5	5.4	5.2
40	6.3	6.2	5.9	5.8	5.6	5.7	5.3	5.2	5.0

附表 18　水温与一般情况下溶解氧关系

水温/℃	0	4	10	15	20	25	30
溶解氧/（mg/L）	10.2	9.0	7.8	7.0	6.8	5.4	5.2

注：本表是指一般情况下不饱和溶解氧。

附表 19　水深、水温与溶解氧关系

水深/m	0	1	3	5	7	9	11	13	15	17	19	21
水温/℃	23	22	21	20	15	10	6	5	5	4	4	4
溶解氧/（mg/100 mL）	12	12	11	11	6	4	3	3	3	2	2	2

附表 20　水中饱和溶解氧与其对应的温度

温度/℃	溶解氧/（mg/L）	温度/℃	溶解氧/（mg/L）
0.0	14.6	8.9	11.6
1.1	14.1	10.0	11.3
2.2	13.7	11.1	11.0
3.3	13.3	12.2	10.7
4.4	12.9	13.3	10.4
5.6	12.6	14.2	10.2
6.7	12.2	15.6	9.9
7.8	11.9	16.7	9.7

温度/℃	溶解氧/（mg/L）	温度/℃	溶解氧/（mg/L）
17.8	9.5	32.2	7.3
18.9	9.3	33.3	7.1
20.0	9.1	34.4	7.0
21.1	8.9	35.6	6.9
22.2	8.7	36.7	6.8
23.3	8.5	37.8	6.6
24.4	8.3	38.9	6.5
25.6	8.2	40.0	6.4
26.7	8.0	41.1	6.3
27.8	7.8	42.2	6.2
28.9	7.7	43.3	6.1
30.0	7.5	44.4	6.0
31.1	7.4	45.6	5.9

附表 21　大气压力校正系数

大气压力/mmHg[①]	校正系数	大气压力/mmHg[①]	校正系数
508.0	0.67	647.7	0.85
520.7	0.69	660.4	0.87
533.4	0.70	673.1	0.89
546.1	0.72	685.5	0.90
558.8	0.74	698.5	0.92
571.5	0.75	711.2	0.94
584.2	0.77	723.9	0.95
596.9	0.79	736.6	0.97
609.6	0.80	749.3	0.99
622.3	0.82	762.0	1.00
635.0	0.84	774.7	1.02

① 1 mmHg = 133.322 Pa。

附录 14　相关水质或行业废水排放标准名录

GB 5084—2021 农田灌溉水质标准

GB 16889—2024 生活垃圾填埋场污染控制标准

GB 21900—2008 电镀污染物排放标准

GB 5085.7—2019 危险废物鉴别标准　通则

GB 19821—2005 啤酒工业污染物排放标准

GB 18466—2005 医疗机构水污染物排放标准

GB 13458—2013 合成氨工业水污染物排放标准

GB 21909—2008 制糖工业水污染物排放标准

GB 21908—2008 混装制剂类制药工业水污染物排放标准

GB 21907—2008 生物工程类制药工业水污染物排放标准

GB 21906—2008 中药类制药工业水污染物排放标准

GB 21905—2008 提取类制药工业水污染物排放标准

GB 21904—2008 化学合成类制药工业水污染物排放标准

GB 21903—2008 发酵类制药工业水污染物排放标准

GB 21901—2008 羽绒工业水污染物排放标准

GB 3544—2008 制浆造纸工业水污染物排放标准

DB 35/1310—2013 制浆造纸工业水污染物排放标准

DB 32/939—2020 化学工业水污染物排放标准

GB 21523—2008 杂环类农药工业水污染物排放标准

GB 20425—2006 皂素工业水污染物排放标准

GB 14470.2—2002 兵器工业水污染物排放标准　火工药剂

GB 14470.1—2002 兵器工业水污染物排放标准　火炸药

GB 4287—2012 纺织染整工业水污染物排放标准

GB 15580—2011 磷肥工业水污染物排放标准

GB 13457—1992 肉类加工工业水污染物排放标准［屠宰及肉类加工工业水污染物排放标准（二次征求意见稿）已发布］

GB 13456—2012 钢铁工业水污染物排放标准

NY 687—2003 天然橡胶加工废水污染物排放标准

附录 15　纯水制备

化验室的分析工作需要的水是有一定的要求的，我们化验室用的水是 DI 水，即纯水。天然的水中含有很多的杂质，一般来说，水中离子性杂质多少的程度是：盐碱地水>井水>自来水>河水>塘水>雨水。有机污染程度是：塘水>河水>井水>泉水>自来水。

水中的杂质含量越少，电阻率越高。电阻率高的水源产纯水量较大。如电阻率为 1000 Ω·cm 的水源可产纯水 250 L，而电阻率为 1800 Ω·cm 的水源可产纯水 400 L，所以制备纯水时，水源的选择十分重要。

纯水的制备：通常用蒸馏的方法和离子交换方法来获得。

蒸馏水：

将自然界的水经过蒸馏器蒸馏冷凝，就可以得到蒸馏水。

去离子水：

自然界的许多阴阳离子，如氯离子 Cl^-、硫酸根离子 SO_4^{2-}、碳酸根离子 CO_3^{2-}、钙离子 Ca^{2+}、镁离子 Mg^{2+}、亚铁离子 Fe^{2+}、铅离子 Pb^{2+}，它们可以形成盐而溶解在水中。利用离子交换树脂，将水中所含的杂质（阴阳离子）除去后所得的纯水就是去离子水。

离子交换树脂是一种高分子化合物，有高度的化学稳定性和机械稳定性，几乎不溶于一切有机、无机溶液。离子交换树脂可以分为阳离子交换树脂和阴离子交换树脂。离子交换树脂对于水中各种离子的交换能力与离子的化合价及水合离子的半径有关，阴离子还和它们相应酸的酸度有关。

阳离子交换树脂对水中常见金属阳离子的交换顺序为：

$$Fe^{3+} > Al^{3+} > Ca^{2+} > Mg^{2+} > K^+ > Na^+ > Li^+$$

阴离子交换的顺序：

$$PO_4^{3-} > SO_4^{2-} > NO_3^- > Cl^- > HCO_3^{2-} > HSiO_3^-$$

离子交换树脂对离子的交换能力，用全交换容量（总交换量）和工作交换量（动态工作状态下的交换容量）来表示。常用的离子交换树脂有：

717 强碱型交换树脂，全交换容量大于 3 mmol/g，工作交换容量为 0.3～0.35 mmol/g。

杂质离子遇到离子交换树脂时，能被离子交换树脂吸附，并和树脂上的 H^+ 或者 OH^- 交换，于是就变成了纯净水。去离子后，水的电阻增大，我们常用其电阻值来衡量去离子水的质量。

附录 16　实验报告要求

实验报告应该写明班级、姓名、同组同学姓名。

实验报告应包括以下内容：

1. 实验的目的；

2. 实验的原理；

3. 实验确定的可变因素的数值及确定方法；

4. 实验的步骤；

5. 实验结果的测定方法；

6. 实验数据及处理（结果分析、误差分析）；

7. 实验体会。

参考文献

[1] 石顺存. 水污染控制工程实验[M]. 北京: 北京理工大学出版社, 2020.

[2] 高良敏, 陈晓晴, 查甫更. 水污染控制工程实验[M]. 合肥: 合肥工业大学出版社, 2023.

[3] 陈泽堂. 水污染控制工程实验[M]. 北京: 化学工业出版社, 2003.

[4] 樊青娟, 刘广立. 水污染控制工程实验教程[M]. 北京: 化学工业出版社, 2009.

[5] 高延耀, 顾国维, 周琪. 水污染控制工程（下）[M]. 北京: 高等教育出版社, 2023.

[6] 张自杰. 排水工程[M]. 5版. 北京: 中国建筑工业出版社, 2015.

[7] 彭党聪. 水污染控制工程实践教程[M]. 北京: 化学工业出版社, 2004.

[8] 陈志英, 王英刚. 水污染控制工程实践教程[M]. 北京: 清华大学出版社, 2020.

[9] 王云海, 杨树成, 梁继东. 水污染控制工程实验[M]. 西安: 西安交通大学出版社, 2013.

[10] HJ 2015—2012. 水污染治理工程技术导则.

参考文献